国家自然科学基金青年科学基金项目(51704206)
山西省应用基础研究项目(201701D221238)

温度-应力耦合作用下油页岩细观特性研究

赵　静　著

中国矿业大学出版社
·徐州·

内 容 提 要

油页岩经过热解后可产出页岩油和页岩气。原位注热开采中涉及高温-应力耦合作用下油页岩内部孔隙裂隙演化和力学特性的变化。基于此,本书以油页岩原位注热开采为研究背景,进行高温作用下热解率随温度的变化规律、孔隙率随温度的增长规律、油页岩内部孔隙、裂隙的发展及连通特性、温度与外部应力场作用下的油页岩渗透率变化规律、高温作用下油页岩力学特性变化规律的研究。通过研究,揭示在温度和三维应力的共同作用下,油页岩的油气产率、渗流及其力学特性。

本书的研究内容为原位注热开采油页岩理论提供了新的思路和方法,为原位开采油页岩油气工程提供了科学依据。

图书在版编目(CIP)数据

温度-应力耦合作用下油页岩细观特性研究 / 赵静著.
—徐州:中国矿业大学出版社,2019.7
ISBN 978-7-5646-4497-0

Ⅰ.①温… Ⅱ.①赵… Ⅲ.①温度-应力-耦合作用
-油页岩-特性-研究 Ⅳ.①P618.12

中国版本图书馆 CIP 数据核字(2019)第 144740 号

书　　名	温度-应力耦合作用下油页岩细观特性研究	
著　　者	赵　静	
责任编辑	章　毅	
出版发行	中国矿业大学出版社有限责任公司	
	(江苏省徐州市解放南路　邮编 221008)	
营销热线	(0516)83885307　83884995	
出版服务	(0516)83883937　83884920	
网　　址	http://www.cumtp.com　**E-mail**:cumtpvip@cumtp.com	
印　　刷	江苏淮阴新华印务有限公司	
开　　本	787 mm×960 mm　1/16　印张 8　字数 157 千字	
版次印次	2019 年 7 月第 1 版　2019 年 7 月第 1 次印刷	
定　　价	32.00 元	

(图书出现印装质量问题,本社负责调换)

前　言

　　油页岩作为一种潜在的能源,是天然原油较为理想的补充和替代能源,已经成为各国能源开发的重点。开发油页岩一方面能够解决各国对石油资源的需求,另一方面又能够降低对进口石油的依存度。中国油页岩储量居于世界第二位,油页岩资源有着广阔的利用前景,寻求油页岩有效开发与经济利用的途径,对缓解能源供需矛盾,推动社会发展,具有重大的现实意义。与地面干馏和燃烧相比,原位开采油页岩具有不需要进行采矿,而且可开发深层、高厚度的油页岩资源,采油率高,占地面积少和环保等优点。原位开采是未来开采技术发展的新趋势。

　　本书以油页岩原位注热开采为研究背景,采用细观与宏观试验研究相结合的方法,对高温和三维应力作用下油页岩热解规律、孔隙结构演化特征、渗透及力学特性进行了研究。全书共分为6章。第1章介绍油页岩资源情况、原位开采背景、国内外研究概况及本书主要研究内容。第2章利用微计算机断层扫描技术法和压汞法对不同温度作用下油页岩热解及其内部孔隙结构的空间分布与连通特征进行研究,将这两种方法相结合,对油页岩内部结构进行了精细表征。第3章利用压汞法对高温作用后和温度-应力耦合作用下已进行渗流试验的试样的孔隙结构特征进行研究,对平均孔径、临界孔径、孔隙率、迂曲度等孔隙特征参数随温度的变化规律进行了分析,得到不同温度下油页岩内部孔隙结构的演化特征。第4章利用高温三轴渗透试验台,对油页岩试样在原位应力状态下的高温热解渗透特性进行研究,得到温度和孔隙压力对油页岩渗透性的影响规律。第5章利用自制的加载系统,对油页岩样进行单轴压缩试验,研究温度对油页岩弹性模量、泊松比的影响规律。通过对各种温度下油页岩变形的测量,建立油页岩弹性模量以及泊松比与温度之间的数学关系。第6章总结研究的主要结论、创新点。

　　本书得到了国家自然科学基金青年科学基金项目"油页岩原位注蒸汽开采中孔隙裂隙演化与渗透特性研究"(项目编号:51704206)和山西省应用基础研究项目"高温三轴应力下油页岩孔隙裂隙演化及渗流特性研究"(项目编号:201701D221238)的资助,在此表示感谢。

　　本书的研究内容为原位注热开采油页岩理论提供了新的思路和方法,为原位开采油页岩油气工程实践提供了科学依据。由于作者水平所限,书中难免存在不足之处,敬请读者批评指正。

著　者

2019 年 3 月

目　　录

1 绪 论

1.1 概 述

近年来,随着世界经济的逐步发展,能源的消耗量越来越大,能源危机日益严重,各国能源供应问题与能源结构调整等日益突出,国际油价在不断飙升,石油替代资源成为各个国家研究的目标之一。

我国是一个煤多、油气相对缺少的国家。根据统计数据显示[1-2],我国一次能源消费结构中,煤炭占据了绝大部分的比例,从 2008 年到 2017 年,煤炭在我国一次能源消费中所占比例均超过 60%。而煤炭在开采和使用的过程中带来的环境问题却是不可忽视的,尤其是在我国内蒙古地区有着诸多大规模的露天矿井,开采过程中对当地的生态环境带来了不可修复的生态破坏。2008 年后,石油占一次能源消费的比例逐渐增加,2018 年中国原油全年进口量为 4.02 亿 t,而国内原油产量为 1.89 亿 t。国内石油产量的持续下降,导致石油对外依存度高达 69.8%,2019 年我国石油对外依存度仍在继续上升。国际石油价格的变动,对我国的国民经济发展的影响是巨大的。因而,寻找新的能源来替代石油,以弥补石油的短缺,减少国家进口原油的压力,是我国能源面临的新课题。

油页岩作为一种潜在的能源,是天然原油较为理想的补充和替代能源。在目前这一形势下,开发油页岩一方面能够解决各国对石油资源的依赖,另一方面又能够降低对进口石油的依存度。

1.2 研 究 背 景

1.2.1 油页岩资源概况

油页岩又称为"油母页岩",是一种沉积岩,具有无机矿物质(黏土矿物、石英以及碳酸盐矿物)的骨架,并且含有固体有机物质,有机物主要为油母质及少量沥青质(Bitumen)。油页岩是一种固体化石燃料(Solid Fossil Fuel),在隔绝氧气的情况下,油页岩经过加热后,油母质热解可产生页岩油、气和固体残渣,页岩油加工可制取煤油、汽油、柴油等油品[3-7]。

油页岩资源在世界上 42 个国家都发现有分布,是一种潜在的巨大能源,将世界上油页岩资源折算成页岩油约为 8 254 亿 t,2018 年年底全球石油探明储量总量为 2 441 亿 t,折算后的页岩油储量远高于石油探明储量[8-11]。每个国家对油页岩资源的勘探程度是不同的,大部分国家对油页岩资源的勘探程度都还很低,只是对油页岩的资源量进行了一些预测和估计,甚至有一些国家尚未有任何关于油页岩资源的报道。全球油页岩资源分布极不均匀,主要分布在美国、中国、俄罗斯、约旦、巴西、摩洛哥、澳大利亚、爱沙尼亚、加拿大、扎伊尔、意大利、法国等地。就目前探明储量而言,美国居首位,如果折算成页岩油,美国所探明的油页岩储量约占世界总探明储量的 70%[12-20]。

根据国土资源部(现更名为中华人民共和国自然资源部)2003～2006 年开展的全国油页岩资源评价结果和近年来油页岩资源勘探进展[21-22],中国油页岩资源十分丰富,储量仅次于美国,居世界第二位。油页岩资源量约为 9 780 亿 t,折算为页岩油资源量为 610 亿 t,其中油页岩探明储量为 1 330 亿 t,折算为页岩油储量为 70 亿 t,分布在 20 个省和自治区的 50 个盆地,共有 83 个含矿区。20 个省和自治区中以吉林、辽宁、山东、新疆、内蒙古、广东和海南等省、自治区的油页岩分布比较集中,储量居多;50 个盆地主要有松辽盆地、华北盆地、准噶尔盆地、鄂尔多斯盆地、茂名盆地、抚顺盆地、依兰伊通盆地等。油页岩矿床生成的地质年代范围跨度较大,从古生代的石炭纪、二叠纪,中生代的三叠纪、侏罗纪、白垩纪到新生代的古近纪、新近纪均有赋存,主要集中在中生代地层中,中生代、新生代和古生代的油页岩储量分别为 8 180 亿 t、1 050 亿 t 和 550 亿 t。油页岩主要赋存于陆相环境中,颜色为黑色至浅灰色、黑色至灰褐色或灰色至深灰色。

含油率是评价油页岩品位最重要的指标,根据国际标准和大多数国家油页岩的开采规模和水平,针对我国油页岩的特征,在工业生产中将页岩油产率下限定在 6%,当页岩油产率在 3.5%～5% 时可称作油页岩,但暂无工业价值,这种油页岩无法得到有效的利用[23-25]。含油率大于 5% 的油页岩资源量占全国油页岩资源总量的 72%,我国的油页岩资源属于中、高品位,具有广阔的发展前景。我国油页岩资源埋藏深度较浅,埋深在 0～500 m 的油页岩资源量为 4 663.5 亿 t,埋深在 500～1 000 m 的油页岩资源量为 2 535.9 亿 t,有利于开发利用。寻求油页岩有效开发与经济利用的途径,对缓解我国能源供需矛盾,推动社会发展,具有重大的现实意义。

1.2.2 油页岩开发背景

1.2.2.1 油页岩干馏

世界上将油页岩干馏制取页岩油的工业开始于 19 世纪,中国的页岩油工业发展至今已有 90 多年的历史,1928 年辽宁抚顺页岩油厂就已开始利用油页岩干馏制取页岩油。

炼油和发电是油页岩利用的主要途径。地面干馏法是油页岩炼油的主要方法,将油页岩通过开采运输至地表,经过破碎筛分获得所需的粒度后送入干馏炉中,在隔绝氧气的条件下加热,使油页岩内部的有机质热解后产出页岩油和页岩气,页岩油经过加氢裂解精制后,可获取汽油、煤油、柴油、蜡和石油焦等多种化工产品。油页岩发电包括直接燃烧发电和干馏后产出的气体燃烧发电两种方式,以前一种方式为主[26]。一般而言,每生产 1 t 页岩油会产生 10～20 t 的油页岩灰渣,燃烧发电后仍会产生 15 t 左右的油页岩灰渣。灰渣可用于生产建筑材料、生产化工填料、制备吸附材料和制备农业肥料等[27-30]。

目前对油页岩灰渣的利用只是其中的一小部分,而绝大多数的油页岩灰渣依旧处于闲置堆积的状态,一方面油页岩灰渣的堆积占据了大量的土地资源,易形成滚石、滑坡、泥石流等巨大的地质灾害隐患;另一方面雨水淋浸油页岩灰渣后,其中含有的重金属、放射性元素等物质将扩散渗入土壤中,导致土壤结构破坏,加剧土壤酸化;有毒元素渗入地下水后,导致砷、铁、锰等微量元素含量超标,危害居民用水健康。油页岩灰渣长期的堆放给页岩油生产场地造成了严重的环境污染和破坏,并对人们健康造成影响。这些问题严重制约油页岩的大规模开发使用。虽然目前有大量学者在研究如何将油页岩的灰渣变废为宝,但如何实现经济效益、环境效益和社会效益的统一,仍是一个比较难以权衡的问题[31-46]。

1.2.2.2　油页岩溶剂萃取

溶剂萃取法是获取油页岩中有机质的一种重要的方法,可以根据分离的对象和对产品的需求,选择适当的萃取剂对油页岩中的有机质进行萃取[47-60]。

周国江等[61]通过实验证明,用氮甲基吡咯烷酮与二硫化碳混合溶剂提取油页岩可以获得更高的油质采收率。吴鹏等[62]采用微波辅助溶剂萃取工艺明显提高了油页岩的萃取率,可获取更多种类的有机化合物,并且可以有效地缩短萃取时间、降低萃取剂的用量。郭树才等[63]利用甲苯与四氢化萘混合溶剂对中国桦甸的油页岩进行了超临界萃取,研究结果表明:油类产物的萃取采收率可达到一般干馏制取方法采收率的 2 倍,并且在加入少量供氢组分后,几乎可完全回收油页岩中的有机质。Koel 等[64]利用不同的有机溶剂对爱沙尼亚的油页岩进行萃取时发现,不同溶剂的萃取效果各不相同。Fraige 等[65]在研究不同地区油页岩中有机物的溶解特性时发现,四氢呋喃作为纯溶剂时对油页岩中有机质的提取率是最高的。利用有机溶剂对油页岩中有机质进行萃取虽然得到了较好的萃取效果,油质产物的产率也较高,但是这些有机溶剂是具有一定毒性的,会给环境造成极大的危害,所以有机溶剂的毒性阻止了溶剂萃取这项技术的发展以及应用。

1.3　国内外油页岩原位开发现状

自 2006 年的第 26 届油页岩会议之后,在每年的 10 月左右都会举行以油页岩开采技术为主题的相关学术会议,世界上很多国家的科研机构都会参加,共同探讨油页岩的开采利用前景。每次会议都会涉及油页岩地面加工技术、地下开采技术、油页岩特征、地层、健康环境、社会影响等多方面的议题,而会议讨论的热点则集中在油页岩地面加工技术、地下开采技术和健康环境等方面[31,66-86]。油页岩原位热解开采油气的基本原理是:把热量引入地下,对油页岩矿层进行原位地下加热,使油页岩热解生成油气,并通过生产井采出地面后进行分离处理。目前地下原位开采技术正处在试验和研发阶段,还没有在工业化的生产中得到成功的应用,但是原位开采是未来开采技术发展的新趋势。与地面干馏和燃烧相比,原位开采油页岩具有不需要进行采矿,而且可开发深层、高厚度的油页岩资源,采油率高,占地面积少和环保等优点[87-100]。

1.3.1　国外油页岩原位开发技术现状[101-110]

在国外壳牌、埃克森-美孚、MWE 等大型油气公司都在进行原位开采工业试验,目前以壳牌公司的原位开采(In-Situ-Conversion Process,ICP)技术相对成熟。

1.3.1.1　壳牌公司原位开采油页岩技术

如图 1-1 所示为壳牌公司原位开采油页岩技术原理图。这一技术具体的实施过程为,首先将电加热器插入加热井,对加热井周边的油页岩矿层进行加热,当矿层被缓慢加热到 400 ℃左右时,油页岩中的油母质就会开始热解生成油气产物,然后将这些产物通过生产井泵送到地面进行分离处理。

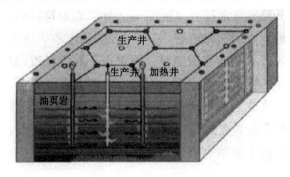

图 1-1　电法加热技术

1.3.1.2　埃克森-美孚原位开采油页岩技术

该技术是通过水力压裂的方法将油页岩矿层压裂,并在裂缝中注入导电介质形成加热单元,通过导电介质的传导将热量传给油页岩使其升温进行热解,产生的油气物质通过采油井采到地面上来,如图 1-2 所示。该技术的优点是采用的压裂技术增加了油页岩矿层的渗透性,为后期油气产物的开采提供了良好的通道。

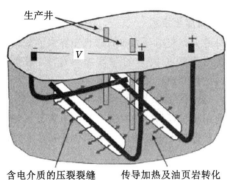

图 1-2　电破碎处理技术

1.3.1.3　MWE 公司原位开采油页岩技术

该技术的工艺流程是:首先将空气压缩后通入加热炉进行加热,加热到一定温度后,将过热的空气通入油页岩地层中加热油页岩,使其中的有机质热解,最后把生成的烃气带到地面上来,如图 1-3 所示。在地面上将其凝缩为液态烃或天然气,同时产生的 CO_2 经压缩后泵入油页岩层。

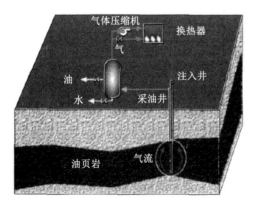

图 1-3　气化处理技术

1.3.2 国内油页岩原位开发技术现状

赵阳升等[111]提出了"油页岩原位注蒸汽开采油气"的技术。该技术的原理是：通过在地面布置并施工群井，采用压裂技术使群井得到相互连通，将温度大于 500 ℃ 的水蒸气沿注热井注入油页岩矿层中，加热矿层，使油页岩热解形成油气，经低温蒸汽或冷凝水携带从生产井排到地面，并根据地层温度，间隔轮换注热井与生产井。如图 1-4 所示。

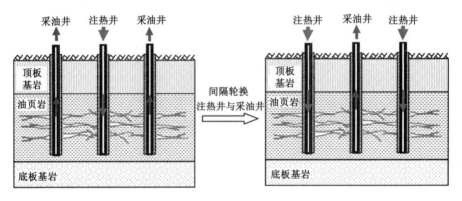

图 1-4　油页岩原位注蒸汽技术

在技术层面上，油页岩原位注蒸汽开采油气的技术具有如下优势：① 以过热水蒸气作为热量的载体，可以把热能直接输入油页岩的裂隙、孔隙当中，形成在裂隙、孔隙中快速流动的蒸汽"热能团"，极大地增加了受热面积，使油页岩内部的温度迅速均匀提升，从而缩短了有机质从升温到热解完毕的时间，降低了能耗。② 该工艺流程主要利用对流加热的传热方式（通过流体在不同温度区域的宏观运动而进行的一种热能传输方式），使热量得到快速交换，加热效率极高，从而保证了油页岩中的有机质能高效、充分地发生热解。③ 高温蒸汽能迅速带走生成的页岩油和热解气体，使油气具有很强的迁移能力，达到较高的油气采收率。④ 间隔轮换注汽井与采油井，保证了油页岩矿层能快速均匀升温，提高了生产效率。⑤ 采用群井水力压裂技术，产生巨型的沿矿层方向的裂缝，使区域内所有钻井连通，增加了地层的渗透性。

国内外的这些技术至今都没有用于工业生产，是由于原位开采技术在实际应用过程中存在一系列技术难题，主要归结为以下几点：

（1）开采所需能源的消耗，是制约油页岩开采经济性的重要因素。油页岩开采获得的净能源量，取决于开采技术以及油页岩层厚度以及含油率，据评估，产油量与消耗能量比例一般为 3∶1～6∶1。油页岩普遍含油率低，原位开采工程规模大，投资风险大。虽然壳牌公司的 ICP 技术已有成功运作的经验，但是此技术在利用电加热装置加热油页岩矿层时,传热方式以热传导为主,传热缓慢。

（2）不同产地的油页岩其沉积环境、地质构造、物理性质、化学性质、矿物组成等方面都是截然不同的,在不同的外界条件下,油页岩的热解机理也不尽相同。

（3）地应力作用下的固-流-热-化学反应-传质多场耦合机理复杂。

1.4　国内外研究现状

1.4.1　油页岩热解特性及孔隙结构特征研究现状

油页岩的热解特性及孔隙结构特征是原位开采技术中所涉及的关键问题,国内外许多学者已对油页岩的热解特性及孔隙结构特征进行了大量的研究。

Razvigorova 等[112]利用高温水蒸气对保加利亚油页岩颗粒（25 g,<0.2 mm）进行了热解试验研究,蒸汽加热速率为 30 ℃/min,终温控制在 400 ℃。试验结果表明:在高温水蒸气的作用下,油页岩热解产生页岩油的产量明显得到了提高,提高了 20％左右,并且页岩油产物中脂肪烃、芳香烃和石蜡含量相对较高,热解完成后剩余的半焦质量也明显减少。

Han 等[113]利用氮气吸附/解吸法和扫描电镜对产自中国桦甸的油页岩样燃烧过程中的油页岩颗粒结构及油页岩灰的表面形态进行了研究。结果表明,经过燃烧后的油页岩样内部形成了较大的孔隙结构空间,孔隙表面粗糙度决定了孔隙比表面积的大小。

Eseme 等[114]对 6 个不同地质时期不同环境形成的油页岩样进行了高温三轴压缩试验过程中岩石物理性能演化方面的研究。结果表明,原始状态油页岩的渗透率较低;在压缩试验后油页岩样的孔隙率和比表面积都表现出降低,但是随着温度的升高,当油气物质产出后,孔隙率和比表面积又开始增大;在油气渗透过程中,裂隙是最主要的通道。

Kang 等[115]利用显微 CT 扫描技术对中国抚顺的油页岩样不同温度下的内部裂隙特征进行了研究。结果表明,热解产生的裂隙是控制油页岩渗透性发生变化的决定性因素,两者具有明显相关性。

Coshell 等[116]利用 CT 扫描技术对澳大利亚油页岩的体积密度和 CT 数之间的关系进行了分析研究。结果表明,两者之间呈正相关性。

Sun 等[117]利用热重分析方法、红外光谱法、X 射线衍射、气质联用、扫描电镜等方法,对不同温度下获得的桦甸油页岩热解生成页岩气、页岩油和固体残炭等产物特征进行了分析研究。研究结果表明:油页岩中油母质热解产生页岩油气大致经历了三个阶段,低温、中温和高温阶段。油母质开始转化成沥青的温度约为 270 ℃,页岩油气的产出的温度主要为 400～500 ℃。

Syed 等[118]对 Lujjun 的油页岩样品的热解动力学参数进行了分析。试验中使用氮气作为保护气体,设置不同的升温速率将样品加热至 800 ℃。油页岩的热解分为:水分的析出、挥发分的释放和固定碳的形成三个阶段,并对三个阶段的动力学参数进行计算。

Tiwari 等[119]对美国绿河油页岩的热解特征及热解前后油页岩内部孔隙的发育及孔隙网络的形成情况进行了研究,用格子玻尔兹曼方法(Lattice Boltzmann Method,LBM)对页岩油在油页岩热解形成孔隙中的流动情况进行了模拟,并且对油页岩的渗透率进行了估算。结果表明,在热分解过程中,油页岩内部形成了大量的孔隙空间,渗透率从 173 D 升高到 2 919 D。

Eseme 等[120]对 6 个不同地质时期不同环境形成的油页岩进行了固热耦合作用下的单轴压缩试验。试验结果表明:上述 6 种油页岩在常温状态下各自最大应变的变化范围为 1.9%～23%(其相应最大轴压变化范围为 3～70 MPa);而当温度上升到 300 ℃时,6 种油页岩各自最大应变的变化区间已上升到 12%～79%之间(其相应最大轴压变化范围为 31～41 MPa),因此,在高温条件下控制油页岩变形的主要因素是温度,其次才是应力。经分析,出现上述规律的主要原因与有机质在高温下变软和部分黏土质矿物的高温失水相关。

周国江等[121]以结构模型为基础,采用杂化密度泛函理论(B3LYP)方法,对美国绿河油页岩油母的几何结构、键级、键能、前线分子轨道、静电势、核磁等相关性质进行了分析。结果表明:氧原子部位是该油母结构热裂解和化学反应的主要活性部位,六元环的不规则变形是其开环裂解的主要原因。

彭思媛等[122]以产自吉林桦甸公郎头矿的油页岩为研究对象,分析油页岩颗粒尺寸、升温速率、干馏终温、终温保持时间等因素对油页岩产油率的影响。研究结果表明:油页岩颗粒尺寸为 20～40 mm、升温速率为 3 ℃/min、干馏终温为 520 ℃、终温保持时间为 25～45 min 时,油页岩低温含氧载气干馏的产油率较高,达到了 11.9%。

王擎等[123]采用 XRD、SEM、灰成分测定等方法对桦甸两个矿区的油页岩样品以及制备的半焦样品矿物质组成进行了分析,确认其主要成分均为石英、方解石和黏土矿物。而半焦中矿物组成反映了油页岩中矿物质在热解过程中的变化。研究表明:在热解过程中油页岩中矿物质变化细微,其中,石英、长石没有变化;方解石有微量分解,生成的固体产物 CaO 与黄铁矿分解产生的硫反应生成 CaS 矿物;黏土矿物质受热脱除羟基,释放出大量水分。

孙佰仲等[124]利用程序升温热分析技术进行了桦甸油页岩的脱挥发分和燃

烧试验,研究了矿物成分对反应过程的影响,并采用分布活化能模型获得了反应过程中活化能的变化规律。结果表明:反应中矿物质催化作用使热解和燃烧的活化能出现了降低的趋势,频率因子和活化能之间的补偿关系表现出严格的分段;油页岩及相应半焦的燃烧特性对比表明,挥发分燃烧过程中挥发分含量导致频率因子和活化能之间的补偿关系改变程度不同。

韩向新等[125]采用氮气等温吸附/脱附法对桦甸油页岩及其在 850 ℃条件下燃烧所得到的焦样的孔隙结构进行了测量。结果表明:油页岩内油母质的热解和页岩灰在燃尽阶段熔融变形使得孔容积和内表面积在燃烧过程中经历了减小、增大、再减小的一个复杂的变化过程,页岩灰的熔融变形还使得油页岩颗粒内部的孔形态变得复杂多样化。

李婧婧等[126]利用热解气相色谱对中国大黄山油页岩矿区油页岩产油品质进行了研究,结果表明:大黄山油页岩的热解产物以正构烃为主,约占热解产物的 90%,并且与美国绿河油页岩的产物相似,热解产物绝大部分为高蜡、石蜡基原油。

王擎等[127]利用 TG-FTIR 分析仪对甘肃油页岩进行了热解试验研究,并且对热解产物,如 CH_4、CO、CO_2、H_2O 和页岩油等进行了定量分析。结果表明:$200 \sim 600$ ℃为油页岩主要的脱挥发分温度范围,由于油页岩中有机质各官能团活性不同,而使得热解产生气体产物的析出顺序也各不相同。

雷怀玉等[128]利用岩石-热解评价仪对柳树河盆地的油页岩样在不同升温速率条件下热解特征进行了研究,并计算了油页岩的反应活化能和反应函数,建立了热解动力学模型。研究结果表明:油页岩的反应活化随着反应温度的增加逐渐增大,这是因为油页岩热解在不同的温度区间内的反应机理是各不相同的。

马跃等[129]利用高压釜反应装置,对柳树河油页岩进行了饱和水和不饱和水介质条件下的热压模拟试验,并研究了两种条件下油页岩热解产物(气体、油和热沥青)的生成机理。试验结果表明,在油页岩的热解过程中,同时经历自由基反应和碳正离子反应。水在高温的物化性质较在常温常压时发生了巨大的变化,具有酸催化剂和碱催化剂的作用,促使按碳正离子机理进行反应;此外,由于油页岩结构中键的类型很多,一部分也按自由基反应进行降解。

1.4.2 温度对岩石孔隙结构影响的研究现状

国内的学者对温度作用后的岩石的细观结构特征进行了大量的研究。

王毅等[130]利用压汞法分别对取自黑岱沟和子长的长焰煤的常规热解和经过 600 ℃高温蒸气热解后所得的固体产物的孔隙结构进行了分析研究。结果表明:在高温作用下,长焰煤的孔隙结构发生了剧烈变化,高温蒸气热解固体产物比常规热解产物的渗透性能要好。

张渊等[131]对不同温度条件下细砂岩的矿物组分随温度的变化及内部微细观结构随温度的变化进行了观测与研究。结果表明:温度对细砂岩内部微裂纹的形成和发展影响较大。

左建平等[132]利用 SEM 高温疲劳试验系统对平顶山砂岩在不同温度下的开裂过程进行了研究。研究结果表明:200 ℃是平顶山砂岩热开裂的阈值温度,当温度超过 200 ℃后,砂岩内部大量的热开裂发生。

赵阳升等[133]利用显微 CT 试验系统对花岗岩在常温~500 ℃下的三维细观破裂进行了观测和分析。结果表明:温度从常温升高到 200 ℃时,花岗岩内部出现的裂纹极少并且级别较低;温度升高到 300 ℃时,部分裂纹得到了沟通,长度增加幅度较大;500 ℃时形成大量的多边形裂纹,并且 90%以上的裂纹在岩石颗粒弱的胶结面处形成。

孟巧荣等[134]利用显微 CT 试验系统对不同温度下褐煤裂隙演化规律进行了研究。研究结果表明:在 20~600 ℃的升温过程中,褐煤内部裂隙发生了明显的变化。20~100 ℃,在褐煤内部只产生了很少的微裂纹;100~300 ℃,产生了大量的裂纹,随着温度的升高,褐煤内部的裂隙不断连通形成了裂隙网络系统;300~500 ℃,裂纹的形成与扩展速度比较缓慢;500~600 ℃,裂纹有闭合的趋势。

于艳梅等[135]对瘦煤 18~600 ℃内部结构变化过程进行了分析。结果表明,煤样的孔(裂)隙率发生了很大的变化,从 18 ℃时的 17.18%增加到 600 ℃时的 40.42%。

周军等[136]使用化学吸附法对不同温度作用下煤焦比表面积及孔容与孔径的分布特征进行了分析,同时采用扫描电镜对颗粒表面形态进行观察。

许慎启等[137]用 SEM 和 XRD 考察了热解终温为 1 223 K、1 473 K、1 573 K 和 1 673 K 的煤焦表面孔隙结构,提出热解温度越高,煤焦表面壳状凸起越多的观点。

刘红彬等[138]采用压汞法对高温作用后的活性粉末混凝土(RPC)内部的孔隙结构和孔隙的分形特征进行了试验研究,并对孔隙特征参数和体积分形维数随温度变化的规律进行了分析和计算。结果表明:不同温度作用下,RPC 内部孔隙结构表现出劣化特征,孔隙率、孔隙体积等特征参数明显增大;150 ℃时,RPC 初步呈现分形效应,在毛细孔和过渡孔的孔径范围内 RPC 的体积分形维数整体表现出增大趋势。

徐小丽等[139]利用压汞仪对花岗岩在常温~1 300 ℃的温度作用下的微孔隙结构特征进行了研究。结果表明:花岗岩样的孔隙率随温度升高而增大,孔隙率的阈值温度在 800 ℃左右;温度超过 800 ℃后,超微孔逐渐向微孔隙转化,岩样连通性增强;岩样孔隙分布分形维数随温度的升高反而降低。

1.5　主要研究内容

大量的资料分析表明:前人研究工作主要是从化工的角度对油页岩热解特性进行分析。油页岩在热解形成页岩油气物质的同时,油页岩的物理结构,如孔隙、裂隙将发生巨大的变化,这种变化将直接影响油页岩物理特性(如孔隙率、渗透率)及力学特性的改变,并直接控制着热解产生油气产物能否顺利产出。以往研究仅从化学的角度对油页岩热解过程进行了分析,而未对高温下油页岩的物理结构特性及力学特性进行研究分析。鉴于上述不足,应对油页岩在高温下的热解特性、渗流特性、孔裂隙的发展演化规律及力学特性等进行研究。在油页岩原位开发过程中,油页岩会受到地应力、构造应力以及流体压力的作用,其渗透性与无压状态存在巨大差别,所以应对三维应力作用下的油页岩热解渗透规律进行研究,这样才能为现场工业实施提供最佳工业参数。目前,在原位开采过程中,温度是影响油页岩力学特性的一个重要因素,关于温度对油页岩力学特性影响的研究还处于空白阶段。

本书以油页岩原位注热开采为研究背景,拟进行高温作用下热解率随温度的变化规律、孔隙率随温度的增长规律、油页岩内部孔裂隙的发展及连通特性、不同温度与外部应力场作用下的油页岩渗透率变化规律、不同温度作用下油页岩的力学特性变化规律的研究。通过上述研究,揭示在不同温度和三维应力的共同作用下,油页岩的油气产率、渗流及其力学特性。

本书的研究内容主要有:

(1) 研究不同温度下油页岩的热解特征及其内部孔隙结构的空间分布特征。

① 分别利用热重分析仪和马弗炉对产自大庆老黑山和抚顺西露天矿的油页岩样的粉状样和块状样的热解失重规律进行研究。② 分别利用显微 CT 扫描法和压汞法,对经过不同温度段热解后的岩样的内部孔隙连通性特征进行研究分析。③ 利用三维 CT 重建软件对显微 CT 扫描数据进行分析,研究不同温度下油页岩内部有机质和矿物颗粒数量的变化特征,从而获得不同温度下油页岩的热解率。④ 利用逾渗的研究方法,研究油页岩经过高温作用所形成的油质产物对渗流通道连通性的影响。⑤ 将显微 CT 扫描法和压汞法相结合,对油页岩内部结构进行精细表征,并分析不同热解温度作用后油页岩的连通孔隙的孔容(开孔率)与封闭孔隙的孔容(闭孔率)的变化。

(2) 研究不同温度下孔隙结构特征及其参数演化规律。

利用压汞法对高温作用后和在高温高压作用下已进行渗流试验的试样的孔隙结构特征进行分析。在进行压汞试验过程中,压汞仪能自动存储进汞压力、退汞压力、孔隙直径、累计进汞量、体积增量、孔隙比表面积等值,利用这些数据计算可得到不同温度下的平均孔径、临界孔径、孔隙率、迂曲度等参数值。通过对这些值的分析比较,可以得到不同温度下油页岩内部孔隙结构的演化特征。利用分形理论对油页岩的孔隙结构进行研究。根据压汞法所存在的偏差对试验数据进行校正,可以得到不同温度作用下油页岩内部有效孔隙特征。

(3)研究油页岩在温度和应力共同作用下的渗流特性。

利用标准的油页岩岩样($\phi50$ mm$\times100$ mm),在高温三轴渗透试验系统上,以氮气为流体介质,测定油页岩的渗透率及变形参数,测试温度范围为常温~600 ℃,研究温度及孔隙压力对油页岩渗透率的影响规律及油页岩在温度升高过程中的变形特征。

(4)研究温度对油页岩的力学特性的影响。

利用 $\phi7.5$ mm$\times15$ mm 的油页岩岩样,以 100 ℃ 的温度梯度对岩样进行热解,得到经历不同温度阶段的油页岩热解岩样。利用自制的加载系统,对岩样进行单轴压缩试验,研究温度对油页岩单轴抗压强度、弹性模量、泊松比的影响规律,以及各个温度作用下的油页岩样的应力-应变关系。通过对各种温度下油页岩变形的测量,建立油页岩单轴抗压强度、弹性模量以及泊松比与温度之间的数学关系。

2 不同温度作用下油页岩热解特征及孔隙率的精细表征

2.1 引　　言

　　油页岩是由有机物干酪根和无机矿物质组成的有机可燃岩石。油页岩的热解是指在隔绝氧气的条件下将油页岩加热到一定温度时,油页岩内部发生的一系列物理和化学变化的复杂过程,主要是油页岩内部有机物组分干酪根的热解过程,最终可生成页岩油、热解气体和残炭。目前干酪根的分子结构尚不清楚,热解机理较复杂。宏观上的干酪根的热解过程为两个阶段:第一阶段为干酪根生成沥青质、油、气和残炭;第二阶段为沥青质再分解为油、气和残炭。在有机质的热解过程中也伴随着无机矿物质的分解反应。

　　国内许多学者对油页岩的热解过程已经进行了深入的研究。李少华等[140]采用热分析方法,在非等温条件下,对产自茂名和桦甸的油页岩进行了热解试验研究。试验结果表明,油页岩热解可分为 3 个阶段,第 2 阶段(200～600 ℃)是油页岩热解反应的主要阶段,挥发分基本在此阶段全部析出,第 3 阶段的反应主要是碳酸盐的分解。于海龙和姜秀民[141]在热分析仪上对桦甸油页岩的热解特性进行了研究,设定的热解终值温度为 900 ℃。试验结果表明:油页岩的热解是分两步进行的,低温段的失重主要是由挥发性气体的逸出引起的;高温段则主要是一些有机质和固定碳的热解过程。薛向欣等[142]利用热重分析法对抚顺油页岩的热解性质与热解动力学进行了研究。结果表明,油页岩及其残渣的热解反应分两个阶段进行:第一阶段为常温～200 ℃,这一阶段主要为水分的挥发,油页岩中由于水分的析出引起的失重率分别为 2.446% 和 3.202%;第二阶段为200～600 ℃,这一阶段主要是固定碳的热解,油页岩及其残渣失重率分别为16.048% 和 6.524%。

　　本章将利用块状和粉状油页岩样的热解失重规律和微计算机断层扫描技术(Micro Computed Tomography,简称显微 CT)图像三维重建对油页岩内部固体颗粒的热解特性进行研究。

油页岩在热解过程中,内部的结构将会发生很大的变化。多孔介质材料的孔隙结构测量方法有很多种,目前较为常用的方法有:高压压汞法、氮气吸附法、小角度散射法、扫描电镜法和显微 CT 扫描法等。每种测量方法的原理不同,所表征的孔隙结构特征也极不相同[143-149]。氮气吸附法可测定岩石比表面积和孔径大小分布,气体吸附法仅能探测部分微小孔的信息,其测量下界约为 3～4 nm,同时氮气吸附法测量的上界约为 50 nm,这种方法侧重于表征微孔和中孔的孔隙结构。扫描电镜法仅能观察到样品某个剖面局部的孔隙形态及孔径结构信息,无法认识三维空间分布规律。小角度散射法能够得到直观的孔隙图像,但是这种方法对亚微孔及以下的孔隙分辨率较低,另外这种方法测试的试件需要研磨成粉末状,这样就使得测量精度下降。显微 CT 扫描法为近年发展起来的一种利用 X 射线对多孔介质材料样品全方位、大范围快速无损扫描成像,最后利用专业图像分析软件重建孔隙三维结构特征的技术方法,但是这种方法的分辨率为微米级。压汞法可快速测量岩石孔隙率和孔径分布等参数,测量孔隙范围主要是 7 nm～1 mm,但仅适用于相互连通微孔。这些常规的方法不能有效描述油页岩的孔隙结构和表面形态,就需要将多种方法相结合。本书利用压汞法和显微 CT 法分析高温作用后的油页岩的孔隙特征,这两种方法相结合可以探测微孔到宏孔范围的孔隙分布情况。

2.2 试验概况

2.2.1 显微 CT 试验

2.2.1.1 试验设备及原理

本次试验设备为 μCT225kVFCB 型高精度(μm 级)显微 CT 试验分析系统,如图 2-1 和图 2-2 所示。

CT 扫描利用的是 X 射线穿透物质的能力。X 射线在透过物体前的强度是一定的,由于物质密度的影响,X 射线透过物体后的强度就会发生变化,X 射线强度与物质密度的关系可用式(2-1)表达[150-151]:

$$I = I_0 \exp(-\mu_m \rho l) \tag{2-1}$$

式中,I_0 和 I 分别为 X 射线穿透被检测物体前、后的光强;μ_m 为被检测物体的单位质量吸收系数;ρ 为物体密度,$\mu = \mu_m \rho$ 为射线的衰减系数;l 为 X 射线穿过物体的厚度。

若 X 射线穿过物体的厚度为 h 的 n 个单元,则有:

$$\ln(I_i/I) = h \sum_{i=1}^{n} \mu_i \tag{2-2}$$

工作转台、夹具及试件　　　微焦点X光机

数字平板探测器　水平移动机构　机座

图 2-1　μCT225kVFCB 型
高精度显微 CT 试验系统

图 2-2　数据采集分析系统

ln(I_i/I)值称为投影,CT 扫描过程中,工作转台匀速旋转,X 射线对被检测物体的纵向剖面进行扫描,每个扫描剖面对应一组投影数据。利用式(2-2)将这些投影数据构成衰减系数的多元一次方程组,经过计算便可得到每个单元点的衰减系数。

CT 图像是像素点的排列,每个体积单元衰减系数的大小代表该点的像素值。CT 灰度图像的灰度值是由像素值转换而成的。所以在 CT 灰度图像上,不同密度的物质呈现的颜色不同,密度越大的物质亮度越高,如岩石中的矿物质密度较大,在图像上呈现为白色;孔隙的密度最小,呈现为黑色;有机质密度居中,呈现为灰色。

2.2.1.2　试验方法

（1）大庆油页岩

将取自大庆的油页岩样品加工成高 10 mm、直径为 5.0 mm 的圆柱体试件,将试件在显微 CT 扫描工作台上固定,调节电压、电流和试件扫描的各个参数。显微 CT 试验机工作电压为 60 kV,电流为 80 μA,油页岩样放大倍数为 40 倍。待参数调节完毕,开始进行扫描试验,常温状态的试件扫描完成后,移动扫描工作台将试件移入电炉中进行加热。为了避免油页岩发生燃烧反应,在加热的过程中以一定流速向电炉中通入了保护气体。试件被加热的目标温度为 100 ℃、200 ℃、300 ℃、400 ℃、500 ℃、600 ℃。当温度升高到目标温度后,保温 30 min 使试件中的反应得以完全进行,然后停止加热使试件自然冷却,移动扫描工作台将试件移出电炉,调节试件扫描的各个参数与常温状态的参数一致,开始进行目标温度下油页岩试件的 CT 扫描。

(2) 抚顺油页岩

将取自抚顺的油页岩样,在实验室加工成直径为 3.8 mm、高 15 mm 的圆柱体试件,在马弗炉内将试件加热到目标温度(常温~600 ℃)后冷却至室温,进行常温测试的试件,在干燥箱内进行烘干。对每个油页岩样在加热前后进行称重,以获得抚顺油页岩的热解失重规律。

将制好的试件在显微 CT 扫描工作台上固定,调节电压、电流和试件扫描的各个参数。显微 CT 试验机工作电压为 70 kV,电流为 70 μA,放大倍数为 100 倍。待参数调节完毕,开始进行扫描试验,试件随着转台进行 360°旋转,X 射线便可以对试件进行全方位扫描。

2.2.2 压汞试验

2.2.2.1 试验设备及原理

压汞试验采用美国康塔公司生产的 Pore Master 33 型压汞仪,如图 2-3 所示。压汞仪可测压力范围为 1.5 kPa~231 MPa(0.2~33 000 psi,1 psi=6.895 kPa),可测孔径范围为 0.007~1 000 μm。测试分为低压(1.5~350 kPa)和高压(140 kPa~231 MPa)两个阶段,在完成低压测试后,取出测试管放入高压舱进行高压测试。

压汞法利用液态金属汞与油页岩表面不浸润的性质及毛细管原理,根据不同压力下压入孔隙系统中的汞量来计算孔径和孔隙分布特征。若孔隙为直径为 D、长度为 l 的圆柱形孔时,基本原理如下[152-154]:

单位体积汞的表面积为:

$$A = \pi D l \qquad (2\text{-}3)$$

产生浸润面积所需要的功为:

$$W_1 = -2\pi r \gamma l \cos \theta \qquad (2\text{-}4)$$

压汞进入圆柱形孔所需要的功为:

$$W_2 = \frac{1}{4} p \pi D^2 l \qquad (2\text{-}5)$$

由 $W_1 = W_2$,联合式(2-4)和式(2-5)可以得到:

$$pD = -4\gamma \cos \theta \qquad (2\text{-}6)$$

该式即为著名的 Washburn 方程式,外界施加压力与孔径成反比。其中,p 为压力;γ 为液态汞的表面张力,取为 0.480 N/m;θ 为固液接触角,取为 140°。

随着压力逐渐增大,汞会逐渐注入孔径更小的孔隙中,连续改变压力,就可测出压入不同孔径孔中的汞量,从而得到孔径分布。压汞法可以获得油页岩的

图 2-3　压汞仪

孔隙率、孔径分布、比表面积等孔隙结构信息。

2.2.2.2　试验方法

　　将取自大庆的油页岩切割成边长为 7 mm 的正方体,岩样共 14 块,对岩样进行编号,分别为 1～14 号,1～2 号为原始岩样,3～14 号岩样的加热终值温度分别为:3～4 号为 100 ℃,5～6 号为 200 ℃,依此类推。加热温度设置为 100 ℃、125 ℃、150 ℃、175 ℃、200 ℃、250 ℃、300 ℃、350 ℃、400 ℃、450 ℃、500 ℃、550 ℃、600 ℃。加热前,分别对 14 块岩样的原始质量进行测量,为避免岩样在马弗炉内发生氧化,将进行加热的岩样用铝箔纸进行包裹。第一次加热将 3～14 号岩样同时加热到 100 ℃,保温 30 min,待冷却后将岩样取出,逐个称重;第二次将 5～14 号岩样加热到 125 ℃,待冷却后取出称重,重复以上步骤,待岩样加热到目标温度后,取出不再加热。这样就可以得到两组不同温度作用下的油页岩样品,同时得到油页岩样的热解失重数据。

　　将制备好的样品装入测试管中密封,开始进行低压段的压汞试验。调节各个参数后开始抽真空,当真空度达到 50 μm 汞柱以下时,汞开始进入测试管,随着压力的增大逐渐进入到样品的孔隙中。在完成低压测试后,取出测试管放入高压舱进行高压测试,测试完成后开始退汞,压力降到 1 个大气压。

　　抚顺油页岩经过显微 CT 试验后,同一个样品再进行压汞试验。

2.3　油页岩在不同温度下的热解特性

2.3.1　大庆油页岩的热解失重规律

图 2-4 为油页岩在温度升高过程中的失重曲线。图中,块状样品的曲线为两组试验样品的热解失重数据的平均值曲线(块状样原始质量约为 2 g),粉末样品的曲线为热重分析仪测得的各个温度下的数据曲线(粉末样原始质量为 25 mg)。两条曲线均明显地反映了油页岩的热解规律,根据失重规律,大庆油页岩的热解大致可以分为两个阶段:

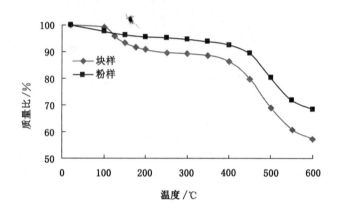

图 2-4　大庆油页岩升温过程的失重规律

(1) 第一个阶段为室温～300 ℃,此阶段主要为水分的析出所引起的失重,包括吸附水和层间水的析出。在室温到 100 ℃,块样的失重率仅有 0.9％;在温度升高到 200 ℃时,质量迅速减少,这一阶段,大庆油页岩块状样的失重率约为 9.21％,粉末样的失重率约为 4.29％,块样的失重率是粉样失重率的 2 倍,这主要是由于粉样在研磨的过程中,已损失了表面水和部分吸附水;在 200 ℃ 到 300 ℃ 的升温过程中,大庆油页岩块样和粉样同时表现出较为平缓的下降趋势,块样的失重率为 1.5％,粉样的失重率为 1.14％。

(2) 第二阶段为 300～600 ℃,此阶段为有机质的热解阶段。300～400 ℃ 的反应为有机质的软化生成沥青质和部分油气物质的生成,失重率较小,块样的失重率为 2.9％,粉样的失重率为 1.9％。400～600 ℃,这一阶段沥青质开始转化生成页岩油和热解气体,为油页岩中油气物质生成的主要温度段,并且油页岩中的大部分矿物质开始分解脱水,造成这个阶段的失重,块样的失重率为 29％,占总失重率 68.24％;粉样的失重率为 24.1％,占总失重率的 76.68％。从图

2-4 中可以看出,在 400 ℃到 550 ℃,油页岩的热解失重速率较高,随着温度继续升高,热解失重速率减缓。

2.3.2 基于 CT 图像的大庆油页岩热解特征

将大庆油页岩扫描重建后得到的 CT 灰度图像,利用 CT 图像分析系统进行三维重建。图 2-5 为不同温度下油页岩内部 700 像素×700 像素×80 像素的立方体 CT 三维重建图像。油页岩三维 CT 图像是由孔裂隙和固体骨架构成的数字模型。

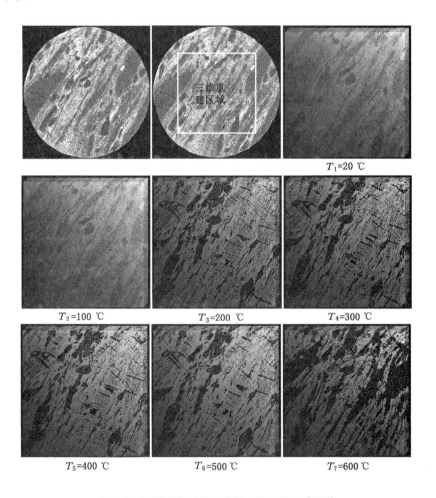

图 2-5　不同温度下油页岩样 CT 三维重建图像

从图 2-5 中可以明显地看出,常温下原始状态的油页岩较为致密,内部呈现出明显的非均质性,矿物以多种形态分布在油页岩内部,按照化学成分可区分为两类:一类为显示为白色的无机物区域,密度较高;另一类为显示为灰色的有机物区域,密度较低。在 600 ℃ 作用下,油页岩内部形成了大量的孔隙裂隙。在常温下灰色的区域到 600 ℃ 时基本全部变成了黑色,在这个升温热解的过程中,有明显的物质减少。

在大庆油页岩样 CT 三维重建图像内可获得每个像素点的衰减系数值,利用阈值分割的方法,可以将孔隙和固体介质分割开,本次选取 0.013 作为孔隙与固体的分割阈值。统计不同温度作用下三维重建区域内的不同射线衰减系数对应的像素点的数量 $N_i^{T_n}(n=1、2、3、4、5、6、7)$,就可以得到不同温度下不同衰减系数阶段对应像素点的分布特征,如图 2-6 所示,对每个温度下的像素点数量的变化特征进行分析,就可以得到大庆油页岩固体颗粒的热解特性。

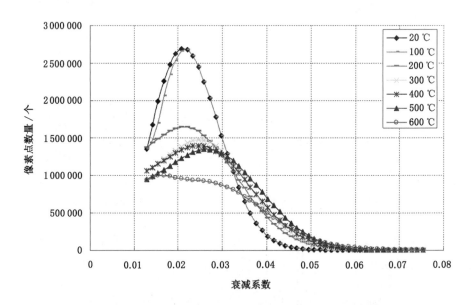

图 2-6   不同温度下不同衰减系数对应像素点数量变化的曲线

表 2-1 为不同温度下不同衰减系数对应像素点的分布统计结果。将固体颗粒对应的衰减系数分为 8 个阶段,不同阶段 $\mu_i(i=1、2、3、4、5、6、7、8)$ 对应像素点的百分含量为 $\Psi_i^{T_n}=N_i^{T_n}/\sum_{i=1}^{8}N_i^{T_n}\times100\%$,不同温度下的热解率 $\phi=100\%-\sum_{i=1}^{8}\Psi_i^{T_n}$。

表 2-1 不同温度下不同衰减系数对应像素点的分布统计结果

温度/℃	不同衰减系数阶段像素点的百分含量/%								ϕ/%
	μ_1	μ_2	μ_3	μ_4	μ_5	μ_6	μ_7	μ_8	
	0.013~0.021	0.021~0.030	0.030~0.039	0.039~0.048	0.048~0.057	0.057~0.066	0.066~0.075	>0.075	
$T_1=20$	41.94	42.56	13.80	1.57	0.11	0.02	0.00	0.00	0.00
$T_2=100$	39.13	42.19	13.80	1.57	0.11	0.02	0.00	0.00	3.18
$T_3=200$	29.77	29.21	16.23	4.86	0.84	0.12	0.02	0.011	18.94
$T_4=300$	23.71	27.91	18.46	6.06	1.00	0.12	0.02	0.012	22.71
$T_5=400$	23.40	26.49	18.27	6.87	1.42	0.20	0.03	0.012	23.31
$T_6=500$	21.06	24.72	19.11	7.83	2.13	0.31	0.05	0.01	24.78
$T_7=600$	18.96	17.87	13.78	6.67	2.11	0.59	0.20	0.02	39.80

从 20 ℃ 到 100 ℃，大庆油页岩的热解率为 3.18%，衰减系数在 0.013~0.021 区段的变化占主要地位，这一阶段主要为水分的脱出，为干燥脱水阶段，对油页岩的内部结构影响较小。

从 100 ℃ 到 200 ℃，随着温度的升高，各个衰减系数阶段像素点的百分含量都发生了变化，衰减系数在 0.013~0.057 区段的像素点的变化最为明显，固体颗粒的热解率增加到 18.94%。在此温度段主要为化学键能较低的有机质发生了热分解反应及油页岩内部的吸附水分的继续析出，使得在油页岩内部形成了大量呈现张开状的扁平状孔洞和垂直于孔洞方向的裂隙。衰减系数在 0.013~0.030 区段呈现减少趋势，在 0.030~0.057 区段呈现增大趋势，主要是由于油页岩中的有机质在生成页岩油和热解气体的同时伴随部分固定碳的形成，固定碳密度较有机质大，随着热解的进行，对应的衰减系数较大区段的百分含量在增大。

从 200 ℃ 到 500 ℃，油页岩内部孔隙、裂隙变化过程较为平稳，新增孔裂隙数量较少，只是体现在原有孔裂隙在形状和长度上的变化。在这一温度段，发生热解的物质衰减系数主要集中在 0.013~0.030 区段，衰减系数在大于 0.030 段的像素百分含量继续增大，此阶段的热解率为 5.84%。

从 500 ℃ 到 600 ℃，随着温度的升高，大量剩余有机质（衰减系数在 0.013~0.030 区段）在较短的温度段内发生了集中热解，同时固定碳也发生了较明显的反应，如衰减系数在 0.030~0.048 区段百分含量呈现明显的较低趋势，在这一温度段孔隙、裂隙的数量和规模得到了质的提高，油页岩内部结构发生了剧烈的变化，热解率增加到 39.80%。

通过对不同温度下不同衰减系数阶段对应像素点的数量变化的分析,可以得出大庆油页岩的有机质区域对应的衰减系数为 0.013～0.030,矿物质区域对应的衰减系数为大于 0.030 段。

图 2-7 为油页岩热解率随温度变化的曲线。从图中可以看出,100 ℃到200 ℃温度段和 500 ℃到 600 ℃温度段为油页岩热解率变化的主要温度段,热解率分别占总热解率的 39.60％和 37.74％。

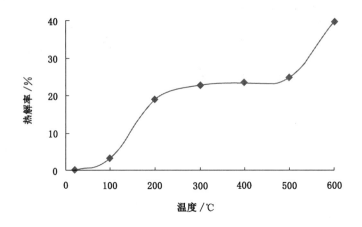

图 2-7 油页岩热解率随温度变化的曲线

2.3.3 抚顺油页岩的热解失重规律

图 2-8 为油页岩在温度升高过程中的失重曲线。图中块状样品原始质量约为 0.25 g,粉末样品的曲线为热重分析仪测得的各个温度下的数据曲线(粉末样品原始质量为 25 mg)。两条曲线均明显地反映了油页岩的热解规律,根据失重规律,抚顺油页岩的热解大致可以分为两个阶段:

(1) 第一个阶段为室温～300 ℃,此阶段主要为水分的析出所引起的失重,在温度升高到 200 ℃时,抚顺油页岩块状样的失重率约为 1.83％,粉末样的失重率约为 0.86％。块样的失重率约是粉样失重率的 2 倍,这主要是由于粉样在研磨的过程中,已损失了表面水和部分吸附水。当温度继续升高时,块样失重曲线表现出较为平缓的下降趋势,而粉样基本不变。在 200 ℃到 300 ℃温度段主要为沥青质的软化阶段,油页岩失重不明显。

(2) 第二阶段为 300～600 ℃,在这一个温度段,块样和粉样的失重曲线同时表现出明显的下降趋势,块样的失重率为 18.09％,粉样的失重率为 19.97％,这一阶段为主要失重阶段。在 300 ℃到 400 ℃,油页岩内部的反应为沥青质的生成和热解油气物质产出;400 ℃到 500 ℃,油页岩内部以热解产出油气物质为

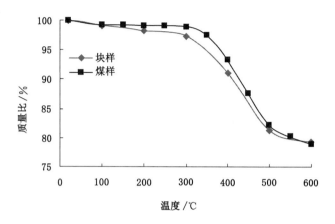

图 2-8 抚顺油页岩升温过程的失重规律

主,失重曲线表现出急剧下降趋势;在 500 ℃ 到 600 ℃ 升温过程中,油页岩的热解失重速率减缓。

2.4 显微 CT 法测得的油页岩内部孔隙连通性分析

在工程应用上,只有相互连通的孔裂隙才能为热解形成的油气物质提供渗流通道。我们需要对不同温度下油页岩内部孔裂隙的连通、演化规律做定量的分析。孔隙率是多孔介质力学中表征材料渗透性的一个重要参数,相互连通的孔隙决定材料的渗透性。

2.4.1 CT 法测得的大庆油页岩内部孔隙连通性

2.4.1.1 孔隙平面连通性特征

(1)不同方向上油页岩孔隙分布特征

以 600 ℃ 的大庆油页岩样显微 CT 图像为研究对象。将扫描后得到的图像利用 CT 图像分析系统进行三维重建分析,得出油页岩经过高温热解后内部不同方向孔隙的分布特征。

图 2-9 是对样品进行三维重建后的部分结果,图 2-9(a)～图 2-9(c)分别是重建后,样品某处在 XOY(前-后)、XOZ(上-下)和 YOZ(左-右)三个方向上的切面图像。从图中可以看出,经过高温热解作用后,三个方向切面图像中油页岩内部孔、裂隙非常发育,但孔、裂隙结构形态和数量各不相同,差异较为明显。

在油页岩样内部选取最大内接正方体(700 像素×700 像素×700 像素)对油页岩的孔隙率和孔隙连通团(简称孔隙团)的分布进行分析研究。以 10 个像素为距离间隔,将油页岩 CT 图像分为 70 层,对三个正交图像中每层的孔隙率

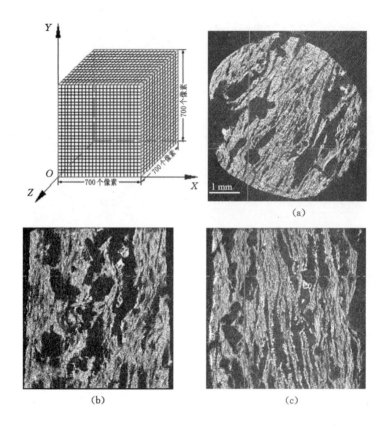

图 2-9　油页岩三维重建示意图与孔裂隙分布三维 CT 切面图像
(a) XOY 面；(b) YOZ 面；(c) XOZ 面

数据和孔隙团的参数值进行统计分析。

　　如图 2-10 所示，图 2-10(a)为油页岩样三维 CT 切面图像(700 像素×700 像素)，图 2-10(b)为利用 CT 图像分析系统进行二维通道计算处理后所得到孔隙团分布图像。

　　(2) 不同方向上孔隙率和孔隙团特征

　　油页岩样内部孔隙率统计参数为：

　　① 平均孔隙率：

$$\overline{\varphi} = \frac{1}{n} \sum_{i=1}^{n} \varphi_i \tag{2-7}$$

式中，n 为统计区域的数量，为 70 层；φ_i 为第 i 层的孔隙率。

　　② 标准偏差：

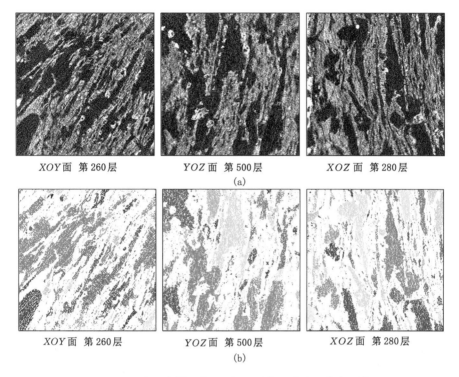

XOY 面　第 260 层　　　　YOZ 面　第 500 层　　　　XOZ 面　第 280 层

(a)

XOY 面　第 260 层　　　　YOZ 面　第 500 层　　　　XOZ 面　第 280 层

(b)

图 2-10　油页岩样三维 CT 切面图像和孔隙团分布图像

(a) 油页岩样三维 CT 切面图像(700 像素×700 像素);

(b) 油页岩样孔隙团分布图像(700 像素×700 像素)

$$\sigma = \left[\frac{1}{n-1} \sum_{i=1}^{n} (\varphi_i - \overline{\varphi})^2 \right]^{\frac{1}{2}} \tag{2-8}$$

σ 表示孔隙率大小的均匀程度,σ 值越小,孔隙率越均匀。

　　图 2-11 为油页岩样三个正交切面孔隙率在不同层位的变化曲线,XOY 面孔隙率变化趋势比较平缓,标准偏差为 1.33,孔隙率较均匀;YOZ 面和 XOZ 面孔隙率差异较大,曲线波动明显,YOZ 面的标准偏差为 3.45,XOZ 面的标准偏差为 4.83,孔隙率非均匀性较强。在 YOZ 面,孔隙率最大差值达到 16.55%;在 XOZ 面,孔隙率最大差值达到 18.96%。这主要是由于油页岩内部矿物颗粒分布的差异性所致,一方面有机质分布不均匀,导致热解后形成的孔隙团的分布各异;另一方面矿物质颗粒分布存在各向异性,在受热作用后产生的裂隙分布亦不同。

　　通过统计相互连通的孔裂隙像素就得到一个孔隙团,每个孔隙团所包含的像素数量就代表了该团大小,即孔隙团的面积 $S =$ 单个像素的面积×像

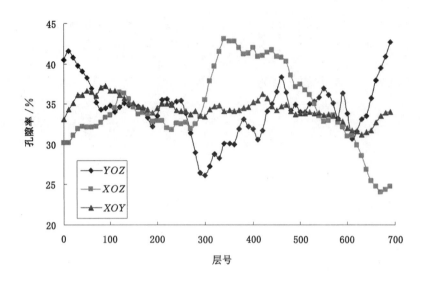

图 2-11 三个正交切面孔隙率在不同层位的变化曲线

素的个数。

表 2-2 为三个方向 70 个正交切面的孔隙团参数分布的平均值。从表中可以看出,油页岩中孔隙团的数量差别较大,这主要是由油页岩的形成过程中,其内部有机质的分布所决定的。在三个方向中,孔隙团的分布特征大体相似,孔隙团的大小主要集中在 $0.02\sim2.5\ \mu m^2$ 内,而在 $0.02\sim0.5\ \mu m^2$ 内占绝对优势,它们构成了油页岩孔隙团数量的主体。

表 2-2 孔隙团参数分布的平均值统计表

切面方向	孔隙团数量/个	不同尺度孔隙团分布百分比/%					
		$0.02\sim0.1$ μm^2	$0.1\sim0.5$ μm^2	$0.5\sim2.5$ μm^2	$2.5\sim12.5$ μm^2	$12.5\sim62.5$ μm^2	>62.5 μm^2
XOY	1 470	34.97	40.85	17.45	4.64	1.43	0.66
YOZ	2 452	58.90	29.85	8.45	1.95	0.56	0.29
XOZ	2 525	56.05	31.01	9.69	2.26	0.65	0.33

2.4.1.2 孔隙三维空间连通性特征

图 2-12 为不同温度下大庆油页岩内部最大孔隙团分布图像,每个孔隙团所包含的像素数量就代表了该团的大小。

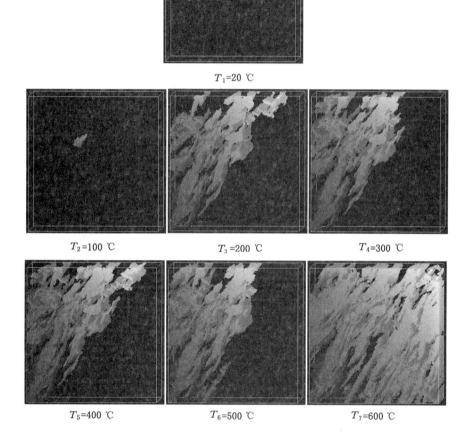

$T_1=20\ ℃$

$T_2=100\ ℃$ $T_3=200\ ℃$ $T_4=300\ ℃$

$T_5=400\ ℃$ $T_6=500\ ℃$ $T_7=600\ ℃$

图 2-12 不同温度下油页岩内部最大孔隙团分布图

表 2-3 为不同温度下油页岩样立方体区域所包含孔隙团参数统计结果。三维孔隙团分布图像中研究的油页岩样立方体范围为 700 像素×700 像素×80 像素,真实大小为:3.395 mm×3.395 mm×0.388 mm,单个像素的真实大小为 4.85 μm×4.85 μm×4.85 μm。油页岩内部孔隙团是评价油页岩热解产生油气物质流动、运移的基础,孔隙团参数表征了油页岩内部孔隙团的分布和连通性。

表 2-3　不同温度下油页岩内部孔隙团参数统计结果表

温度/℃	孔隙团数量	孔隙团大小 n_s	最大团大小 n_d	最大团体积 V_d /10^6 μm^3	n_d/n_s /%
20	56 583	24 777	1 337	0.02	5.40
100	82 930	149 295	13 436	0.20	9.00
200	53 899	6 791 215	4 296 110	64.14	63.26
300	42 833	7 099 130	5 181 465	77.36	72.99
400	40 363	8 629 320	5 478 048	81.79	63.48
500	38 124	9 548 594	5 859 524	87.48	61.37
600	25 359	13 198 685	12 861 484	192.02	97.45

　　根据表 2-3 中数据,绘制不同温度下油页岩内部孔隙团数量和大小的变化曲线,如图 2-13 所示。随着温度的升高,油页岩内部孔隙团的变化特征为:从 20～100 ℃,油页岩内部孔隙团的数量和大小出现同步增大趋势,这是由于在此温度段,油页岩内部水分析出后,形成了一定数量的孔隙,所有孔隙团的规模都很小,都分散局限在一个很小的区域内。当温度升高到 200 ℃时,油页岩内部孔隙团的空间剧烈增加,而孔隙团的数量在减少,说明在此温度段,油页岩内部的大部分孔裂隙已得到连通,形成较大规模的孔隙团,形成连通油页岩内部立方体区域两个相对面的渗流通道,油气渗流通道已经连通。从 200～500 ℃,孔隙团在增大,最大孔隙团的体积也在增加,增加了 0.02 mm³,而最大孔隙团在孔隙团中所占的比例却在降低,说明在此温度段孔隙团的连通速度减缓。当温度达到 600 ℃时,随着热解层次的加深,油页岩中最大孔隙团在孔隙团中的比例达到 97.45%,孔隙团已基本全部得到连通,形成了连通整个区域的渗流通道。

　　从 20～600 ℃,不同温度下油页岩内部最大孔隙团的体积在不断增大,最大孔隙团的体积增加了约 9 601 倍。这是由于随着温度的升高,有机质热解程度在不断加深,在原来有机质存在的空间便形成了孔隙,造成孔隙团的体积和数量急剧增加。并且从图 2-12 可以看出,油页岩内部有机质的热解温度是不同的,在低温段,化学键能级较低的有机质先热解,随着温度的升高,化学键能级较高的有机质逐步热解。在不同温度段有机质热解后,在油页岩内部形成了新的孔隙裂隙空间,并且这部分孔隙裂隙在形成的同时将前一个温度段热解形成的孔隙连通,孔隙团的规模在不断增大,从而使孔隙团的数量和体积都产生了质的增加。在 100～200 ℃和 500～600 ℃油页岩热解反应较剧烈,孔隙团体积的变化较其他温度段明显。

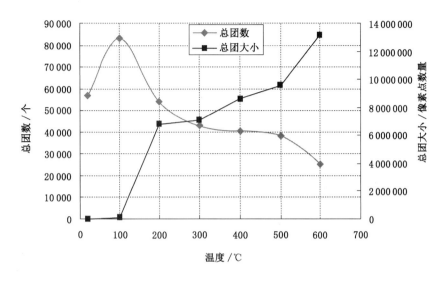

图 2-13　不同温度下油页岩内部孔隙团数量和大小的变化曲线

图 2-14 为油页岩内部孔隙率和逾渗概率随温度变化的曲线。从图中可以看出,随着温度的升高,孔隙率和逾渗概率在不断增加。在 100 ℃ 到 500 ℃ 温度段,逾渗概率的增加幅度小于孔隙率的增加幅度,这是由于:在这个温度段,随着热解的进行,固定碳的含量在增大,对油页岩内部的渗透通道造成了影响;当温度从 500 ℃ 升高到 600 ℃ 时,固定碳也发生了较明显的反应,所以逾渗概率的增长幅度最大。

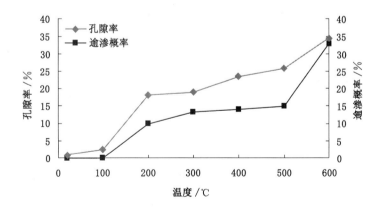

图 2-14　油页岩孔隙率和逾渗概率随温度变化的曲线

2.4.2　CT 法测得的抚顺油页岩内部孔隙连通性

2.4.2.1　孔隙平面连通性特征

图 2-15 为不同温度下抚顺油页岩显微 CT 图像。从图中可以看出,经过高温作用后,油页岩内部形成了裂隙,但没有明显的物质损失。图 2-16 为抚顺油页岩不同温度下内部局部二值化图像。扫描放大倍数为 100 倍,可以分辨 1.94 μm 的孔隙分布。从图 2-16 中可以看出,在油页岩内部分布有大量的孔隙,孔隙形态各异,孤立分布的孔隙较多,相互连通性差。

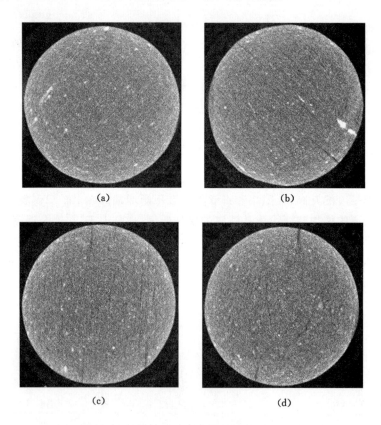

(a)　　　　　　　　　　(b)

(c)　　　　　　　　　　(d)

图 2-15　不同温度下抚顺油页岩显微 CT 图像

(a) 20 ℃;(b) 400 ℃;(c) 500 ℃;(d) 600 ℃

2.4.2.2　孔隙三维空间连通性特征

图 2-17 为抚顺油页岩三维重建区域示意图。图 2-18 为不同温度下油页岩样 CT 三维重建图像。重建区域为 350 像素×350 像素×350 像素。表 2-4 为不同温度油页岩样三维重建图像所包含孔隙团参数统计结果。

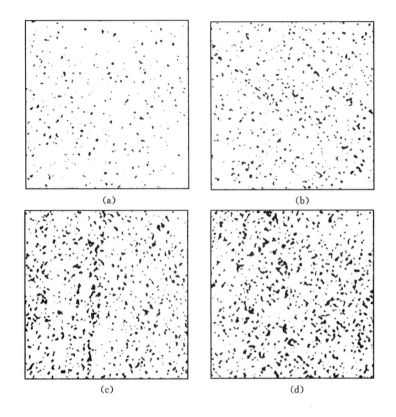

图 2-16 不同温度下抚顺油页岩二值化图像

(a) 20 ℃；(b) 400 ℃；(c) 500 ℃；(d) 600 ℃

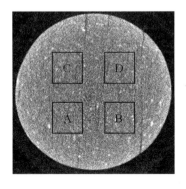

图 2-17 三维重建区域示意图

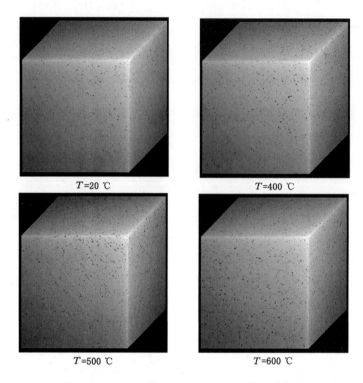

图 2-18 不同温度下油页岩样 CT 三维重建图像

从表 2-4 中可以看出,随着温度的升高,平均孔隙率呈增大的趋势,孔隙团的数量也逐渐增多。抚顺油页岩的逾渗概率较小,说明抚顺油页岩内部孔隙的连通性较差。逾渗概率随温度的升高表现为先增大后减小,说明在 500 ℃ 到 600 ℃ 热解过程中,随着油气物质的产出,部分孔隙被油质物质堵塞,造成逾渗概率的下降。

表 2-4 不同温度油页岩样三维重建图像所包含孔隙团参数统计结果

温度 /℃	区域编号	孔隙率 /%	孔隙团总数	最大团含像素数量	逾渗概率 /%
20	A	1.33	89 120	251	0.000 6
	B	1.75	108 773	396	0.000 9
	C	1.74	108 842	352	0.000 8
	D	2.27	123 958	1 360	0.003 0
	平均	1.77	107 673	590	0.001 3

表 2-4(续)

温度 /℃	区域编号	孔隙率 /%	孔隙团总数	最大团含像素 数量	逾渗概率 /%
400	A	3.25	137 196	791	0.001 8
	B	4.17	145 413	1 871	0.004 4
	C	3.58	139 684	1 291	0.003 0
	D	3.80	153 175	2 059	0.007 0
	平均	3.70	143 867	1 503	0.004 1
500	A	3.15	137 391	1 613	0.003 8
	B	3.85	150 153	2 875	0.006 7
	C	3.76	147 878	5 614	0.013 0
	D	4.49	153 478	3 038	0.007 1
	平均	3.81	147 225	3 285	0.007 7
600	A	3.83	148 924	2 954	0.006 9
	B	4.72	161 273	1 890	0.004 4
	C	4.38	155 504	1 063	0.002 5
	D	5.26	161 699	6 851	0.015 8
	平均	4.55	156 850	3 190	0.007 4

2.5 压汞法测得的油页岩内部孔隙连通性分析

2.5.1 压汞法测得的油页岩内部孔隙结构类型

以不同温度作用下的油页岩样为研究对象,每个温度作用下的油页岩样代表一种结构不同的多孔介质。图 2-19 和图 2-20 分别为抚顺西露天矿和大庆老黑山两个产地的油页岩样在 4 个温度下其内部不同孔径孔体积和阶段孔容曲线图。孔隙结构类型采用霍多特(1996)方案,划分为微孔(孔径≤10 nm)、小孔(10 nm<孔径≤100 nm)、中孔(100 nm≤孔径<1 000 nm)和大孔(孔径>1 000 nm)四种类型。从图中可以看出,压汞法得到的进汞和退汞的曲线各不相同,基于压汞曲线的形态和阶段孔容的分布模式,将油页岩的孔隙结构划分为三种类型。

(1) 第一种类型:反 S 形。如图 2-20(a)所示,进汞曲线呈反 S 形,退汞曲线和进汞曲线大部分区段近于平行;微孔最为发育,大孔孔容较为发育,其次为小孔,中孔发育最差。孔容增量随孔径的增大先减小后增大,在中孔阶段达到其最小值,退汞效率较高。如图 2-19(a)所示,进汞曲线呈反 S 形,退汞效率较差,汞

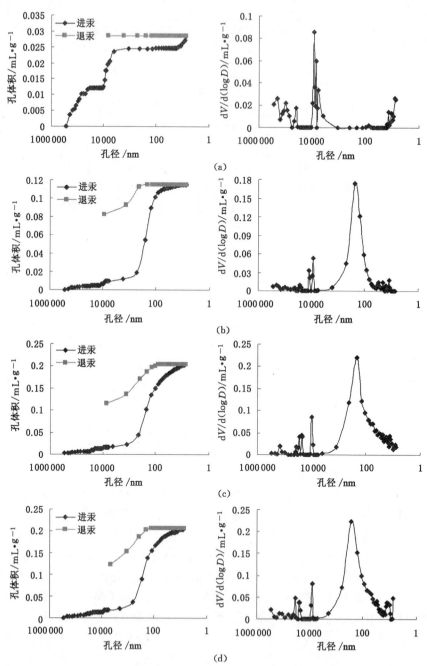

图 2-19　不同温度作用下抚顺油页岩内部不同孔径孔体积和阶段孔容曲线

(a) 20 ℃；(b) 400 ℃；(c) 500 ℃；(d) 600 ℃

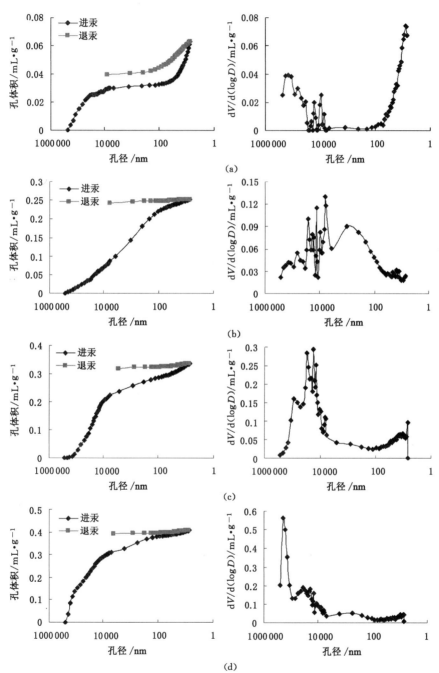

图 2-20　不同温度作用下大庆油页岩内部不同孔径孔体积和阶段孔容曲线

(a) 20 ℃；(b) 400 ℃；(c) 500 ℃；(d) 600 ℃

几乎没有退出。大孔最为发育,微孔次之,中孔和小孔的发育较差。

(2) 第二种类型:S形。如图 2-19(b)、(c)、(d)所示,进汞曲线呈 S 形,退汞曲线和进汞曲线有明显的滞后分离。中孔异常发育,其次是小孔,大孔和微孔发育较差。孔容增量随孔径的增大先增大后减小,在中孔阶段达到其最大值,退汞效率较高。

(3) 第三种类型:弧线形。如图 2-20(b)、(c)、(d)所示,进汞曲线呈上凸的弧线形,退汞曲线近似于平行线。以大孔的发育为主,中孔次之,小孔和微孔孔容较小。孔容增量随孔径的增大先增大后减小,在大孔阶段达到最大值,退汞效率较低。

2.5.2 压汞法测得的孔隙率

利用 Washburn 方程式计算时,接触角 θ 取 140°。表 2-5 为利用压汞法测得的抚顺西露天矿和大庆油页岩在 4 个温度下的孔隙特征参数。从表中可以看出,孔体积和孔隙率随温度的升高而增加,孔比表面积随温度的升高呈先增大后降低的趋势。常温下孔体积较小,退汞效率较差。压汞法测得的孔隙率为压汞测得的孔隙体积与试件表观体积的比值。压汞法测得的抚顺油页岩和大庆油页岩的孔隙率在 20 ℃、400 ℃和 500 ℃时相差不大,而在 600 ℃时大庆油页岩的孔隙率明显高于抚顺油页岩。

表 2-5 压汞法测得的孔隙特征参数

编号	产地	温度/℃	累计进汞量 /mL·g^{-1}	比表面积 /m^2·g^{-1}	孔隙率/%
a		20	0.028 3	1.507	5.34
b	抚顺西露天矿	400	0.115 6	2.949	20.33
c		500	0.204 0	9.528	29.76
d		600	0.204 6	7.817	31.29
a		20	0.063 1	9.706	4.51
b	大庆老黑山	400	0.252 1	6.509	19.29
c		500	0.337 6	12.730	30.14
d		600	0.408 0	7.157	38.35

2.6 油页岩内部孔隙结构精细表征

压汞法可以测得的主要孔径范围是:7 nm～1 mm,显微 CT 试验中扫描放大倍数不同,孔隙孔径的分辨率也不同,抚顺油页岩样的放大倍数为 100 倍,可以分辨 1.94 μm 的孔隙分布；大庆油页岩样的放大倍数为 40 倍,可以分辨 4.85 μm 的孔隙分布。根据显微 CT 试验的分辨率,将孔隙分为:超大孔(>最小分辨的孔隙直径)、大孔(1 μm～最小分辨的孔隙直径)、中孔(0.1～1 μm)、小孔(0.01～0.1 μm)和微孔(<0.01 μm)。

表 2-6 和表 2-7 分别为抚顺和大庆油页岩基于压汞法获得的不同孔径孔隙的孔隙率。图 2-21 为油页岩不同孔径累计孔隙率曲线。从图中可以看出,抚顺油页岩和大庆油页岩的不同孔径孔隙率的差别较大。在常温下,抚顺和大庆油页岩的超大孔孔隙率最大,其余孔径阶段的孔隙率较小;在 400～600 ℃,大庆油页岩的超大孔的孔隙率明显高于抚顺油页岩,而在中孔和小孔阶段又低于抚顺油页岩的孔隙率;微孔的孔隙率在各个温度相差不大。

表 2-6　抚顺油页岩不同孔径孔隙的孔隙率(压汞法)

样品编号	温度/℃	>1.94 μm	1～1.94 μm	0.1～1 μm	0.01～0.1 μm	<0.01 μm	总孔隙率/%
a	20	4.45	0.00	0.17	0.28	0.43	5.34
b	400	1.71	0.39	15.78	2.46	0.00	20.33
c	500	2.55	0.71	18.53	7.57	0.39	29.76
d	600	3.26	0.00	20.51	7.28	0.47	31.52

表 2-7　大庆油页岩不同孔径孔隙的孔隙率(压汞法)

样品编号	温度/℃	>4.85 μm	1～4.85 μm	0.1～1 μm	0.01～0.1 μm	<0.01 μm	总孔隙率/%
a	20	2.13	0.09	0.11	1.29	0.89	4.51
b	400	7.41	3.57	5.83	2.26	0.21	19.29
c	500	20.04	1.18	4.06	3.87	0.99	30.14
d	600	29.08	1.68	4.91	2.02	0.66	38.35

油页岩内部的总孔隙是由连通孔、半通孔和封闭孔构成的。其中连通孔和半通孔是有效孔隙空间,汞可以进入,称为开孔;封闭孔是相对孤立的孔隙空间,汞是不能进入的,称为闭孔。因此,压汞法仅能测开孔的孔容,而显微 CT 法可以测得所有类型的孔隙。对同一个试件先进行显微 CT 试验,再进行压汞试验,这两种方法结合,可以分析不同热解温度作用后油页岩内部的连通孔隙的孔容(开孔率)与封闭孔隙孔容(闭孔率)的变化。综合分析压汞试验数据和 CT 试验数据可得到抚顺和大庆油页岩样品内部孔隙的真实分布情况,见表 2-8 和表 2-9。

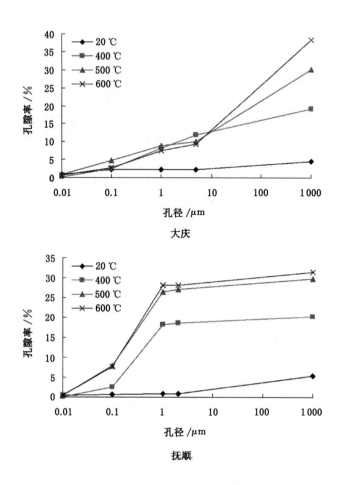

图 2-21　油页岩样累计孔隙率曲线

表 2-8　抚顺油页岩不同尺度不同类型孔的孔隙率

样品编号	温度/℃	总孔隙率/%	开孔率			闭孔率		
			>0.007 μm	0.007～1.94 μm	>1.94 μm	>0.007 μm	0.007～1.94 μm	>1.94 μm
b	400	24.14	10.81	9.11	1.71	13.33	11.23	2.10
c	500	33.71	21.79	19.23	2.55	11.92	10.53	1.40
d	600	36.07	25.83	22.57	3.26	10.24	8.95	1.29

表 2-9　大庆油页岩不同尺度不同类型孔的孔隙率

样品编号	温度/℃	总孔隙率/%	开孔率			闭孔率		
			>0.007 μm	0.007~4.85 μm	>4.85 μm	>0.007 μm	0.007~4.85 μm	>4.85 μm
b	400	35.25	11.17	3.77	7.41	24.08	8.12	15.96
c	500	35.73	27.94	7.90	20.04	7.79	2.20	5.59
d	600	43.65	36.92	7.84	29.08	6.73	1.43	5.30

从表 2-8 和表 2-9 中可以看出,抚顺油页岩的总孔隙率分别为 24.14%、33.71% 和 36.07%;大庆油页岩的总孔隙率分别为 35.25%、35.73% 和 43.65%,在相同温度作用下,大庆油页岩的孔隙率要明显高于抚顺油页岩。开放孔的孔隙率随着温度的升高逐渐增大,闭孔率减小,说明随着热解的进行,孔隙逐渐得到连通;而大庆油页岩在 400 ℃ 时,闭孔率大于开孔率,说明在这个温度下,大庆油页岩样热解产生的油质产物未能从试件内完全渗出,残留在开放孔隙中,造成开放孔隙被阻隔。

对以显微 CT 法和压汞法所能测得的孔隙率比较得出,利用压汞法测得的高温作用后的抚顺油页岩样的孔隙率占样品内部总孔隙率的 85% 以上,利用显微 CT 法测得的 400 ℃、500 ℃ 和 600 ℃ 的大庆油页岩样的孔隙率分别占样品内部总孔隙率的 66.3%、71.73% 和 93.12%。

2.7　本章小结

油页岩是由有机物干酪根和无机矿物质组成的有机可燃岩石。油页岩的热解机理较复杂,宏观上的干酪根的热解过程为两个阶段:第一阶段为干酪根生成沥青质、油、气和残炭;第二阶段为沥青质再分解为油、气和残炭。在有机质的热解过程中也伴随着无机矿物质的分解反应。本章利用油页岩的热解失重和显微 CT 图像对油页岩固体颗粒的热解特性进行研究。油页岩在热解过程中,内部的结构将会发生很大的变化,本章中利用显微 CT 法和压汞法相结合测量高温作用后的油页岩的孔隙结构,主要结论如下:

(1) 将大庆油页岩扫描重建后得到的 CT 灰度图像,利用 CT 图像分析系统进行三维重建,得到升温热解的过程中,油页岩内部有明显的物质减少。统计不同温度作用下三维重建区域内的不同射线衰减系数对应的像素点的数量,对每个温度下的像素点数量的变化特征进行分析,得到了大庆油页岩固体颗粒的热解特性。从 20 ℃ 到 100 ℃,大庆油页岩的热解率为 3.18%;从 100 ℃ 到 200 ℃,

随着温度的升高,各个衰减系数阶段像素点的百分含量都发生了变化,衰减系数在0.013～0.057区段的像素点的变化最为明显,固体颗粒的热解率增加到18.94%,衰减系数在0.013～0.030区段呈现减少趋势,由于油页岩中的有机质在生成页岩油和热解气体的同时伴随部分固定碳的形成,在0.030～0.057区段呈现增大趋势;200～500 ℃温度段,发生热解的物质衰减系数主要集中在0.013～0.030区段,此阶段的热解率为5.84%;500～600 ℃,随着温度的升高,大量剩余有机质(衰减系数在0.013～0.030区段)在较短的温度段内发生了集中热解,同时固定碳也发生了较明显的反应,热解率增加到39.80%。

(2) 以大庆油页岩600 ℃时的显微CT图像为研究对象,将扫描后得到的图像进行三维切片的平面特征进行分析,得出油页岩经过高温热解后,内部不同方向孔隙团的数量差别较大,但孔隙团的分布特征大体相似,孔隙团的大小主要集中在0.02～2.5 μm^2 内,而在0.02～0.5 μm^2 内占绝对优势,它们构成了油页岩孔隙团数量的主体。

(3) 对大庆油页岩内部三维孔隙团的分析得出,随着温度的升高,油页岩内部孔隙团的变化特征为:从20～100 ℃,油页岩内部孔隙团的规模很小,都分散局限在一个很小的区域内;当温度升高到200 ℃时,油页岩内部的大部分孔隙已得到连通,形成较大规模的孔隙团,形成了连通油页岩内部立方体区域两个相对面的渗流通道,油气渗流通道已经连通;从200～500 ℃,孔隙团的连通速度减缓;当温度达到600 ℃时,随着热解层次的加深,油页岩中最大孔隙团在孔隙团中的比例达到97.45%,孔隙团已基本全部得到连通,形成了连通整个区域的渗流通道。

(4) 对不同温度下抚顺油页岩显微CT图像进行分析得到,经过高温作用后,油页岩内部形成了裂隙。对抚顺油页岩不同温度下油页岩内部局部进行二值化得到,在油页岩内部分布有大量的孔隙,孔隙形态各异,孤立分布的孔隙较多,相互连通性差。对抚顺油页岩内部三维孔隙团的分析得出,随着温度的升高,平均孔隙率呈增大的趋势,孔隙团的数量也在随温度的升高逐渐增多。抚顺油页岩孔隙团的连通性较差,逾渗概率较小。

(5) 结合显微CT法和压汞法这两种方法,得到样品内部孔隙的真实分布情况。两个产地的样品的开放孔的孔隙率随着温度的升高逐渐增大,闭孔率减小,说明随着热解的进行,孔隙逐渐得到连通;而大庆油页岩在400 ℃时,闭孔率大于开孔率,说明在这个温度下,大庆油页岩样热解产生的油质产物未能从试件内完全渗出,残留在开放孔隙中,造成开放孔隙被阻隔。

3 油页岩孔隙结构特征及其随温度演化的规律

3.1 引 言

温度对岩石结构的影响已是很明显,油页岩不同于其他多孔介质(如砂岩、花岗岩)等岩石材料,油页岩受温度作用后会发生化学反应,从而引起了孔隙结构的剧烈变化。在原位注热开发油页岩矿层的过程中,油页岩孔隙结构的变化会影响注热蒸汽在其内部的传输特性,从而影响渗流特征,所以对油页岩孔隙结构特征的研究具有重要的意义。

温度对油页岩内部结构的影响主要来源于两个方面:一方面矿物颗粒热膨胀的各向异性引起颗粒间变形不协调,另一方面是油页岩热解产物释放过程产生的影响。本章利用压汞法对经过不同温度作用后的油页岩样的孔隙结构进行测试,从而得到孔隙结构随温度演化的规律。从第 2 章的研究中可知,抚顺油页岩的超大孔孔隙的含量较小,以压汞法测得的孔隙率为主。本章利用压汞法对在高温作用后和在高温及三维应力作用下已进行渗流试验的试样的孔隙结构特征进行研究,对平均孔径、临界孔径、孔隙率、迂曲度等孔隙特征参数随温度变化的规律进行分析,以得到不同温度下,油页岩内部孔隙结构的演化特征。

3.2 高温作用下油页岩孔隙结构特征

将取自抚顺的油页岩,用直径为 10 mm 的玻璃钻取芯,取出后对两个端面进行打磨切割,以保证平行度。制备好的样品尺寸直径约为 7.5 mm,高度约为 15 mm,在马弗炉内加热,加热的目标温度为 20 ℃、100 ℃、200 ℃、300 ℃、400 ℃、500 ℃、600 ℃。为获得准确的数据,降低数据的离散型,共制备三组样品进行试验。在样品加热前后,分别对其重量进行测量,这样可以得到每个样品的加热失重率数据。

将制好的样品逐个进行压汞试验,试验过程同第 2 章。

在进行压汞试验过程中,压汞仪能自动存储进汞压力、退汞压力、孔隙直径、累计进汞量、体积增量、孔隙比表面积等值。利用这些数据计算可得到不同温度下的平均孔径、临界孔径、孔隙率、迂曲度等参数值。通过对这些值的分析比较,可以得到不同温度下,油页岩内部孔隙结构的演化特征。

(1)平均孔径:压汞法中将样品内的孔隙假设为圆柱状,按圆柱形孔隙几何模型可以得到平均孔径是孔隙总体积与孔隙比表面积比值的 4 倍。

(2)临界孔径:临界孔径是多孔材料传输性质的重要参数,该参数表示材料内部连续孔隙的最小半径。即压入汞的体积明显增加时所对应的最大孔径[144]。

3.2.1　孔隙总体积随压力的变化

图 3-1 为三组样品不同温度下油页岩样孔隙体积随汞压变化的规律。从图 3-1 中可以看出,不同温度下的油页岩样的孔隙体积随着汞压的增大,逐渐增大。20～400 ℃温度范围内,孔隙体积在 1 MPa 之前呈现急剧增大趋势,当压力高于 1 MPa 后,增大趋势减缓,20 ℃、100 ℃、200 ℃、300 ℃的曲线趋于平缓,400 ℃的曲线呈现微增长趋势。500 ℃和 600 ℃的曲线在 10 MPa 以后发生突变,随着压力的增大,孔隙体积逐渐增大。第一组试验结果中,200 ℃时,孔隙体积略微增大,而在第二组和第三组的试验结果中,200 ℃时,体积的增量不明显,说明温度低于 200 ℃时,孔隙的体积变化量较小。这是由于,温度在 200 ℃以前,油页岩的反应以表面水和部分吸附水的脱出为主,这个阶段的失重率也较小。

3.2.2　孔隙率随温度的变化

表 3-1 为油页岩样在不同温度下的孔隙率和失重率计算结果。根据表 3-1 绘制图 3-2。从图 3-2 中可以看出,随着温度的升高,孔隙率呈增大的趋势。400 ℃之前,孔隙率的增长较为平缓,温度高于 400 ℃后,孔隙率随温度的升高发生突变,曲线变陡。常温下的孔隙率较低,平均值为 1.71%。和常温下的孔隙率相比,400 ℃时的孔隙率增大了 4.07 倍,500 ℃和 600 ℃时的孔隙率增幅为 1 181% 和 1 294%。从失重率的数据中也可看出,400 ℃为抚顺油页岩的热解阈值温度:在 400 ℃之前,油页岩中的热解以水分的析出,碳酸盐的分解及沥青的软化为主;在 400 ℃之后,沥青开始大规模转化成油质和气态的产物,产物产出后,导致孔隙率发生了突变。由不同温度下平均孔隙率试验数据拟合得到油页岩的孔隙率和温度呈指数关系,拟合关系为:

$$\varphi = 1.344\ 8e^{0.004\ 9T} \tag{3-1}$$

式中,φ 为孔隙率,T 为温度,相关系数为 0.973 4。

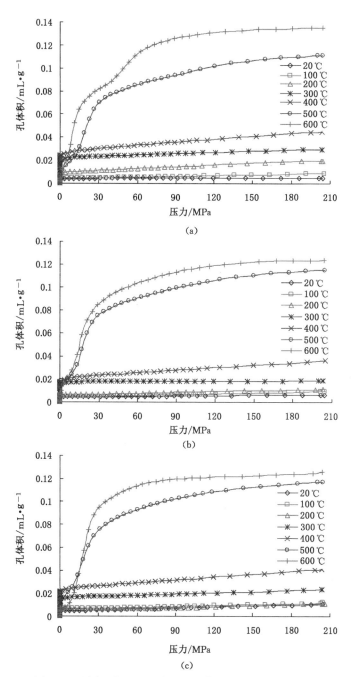

图 3-1 不同温度下油页岩样孔隙体积随汞压变化的规律

（a）第一组试验结果；（b）第二组试验结果；（c）第三组试验结果

表 3-1　油页岩样在不同温度下的孔隙率和失重率

温度 /℃	孔隙率/%				失重率/%			
	第一组	第二组	第三组	平均	第一组	第二组	第三组	平均
20	1.32	1.80	2.02	1.71	0	0	0	0
100	1.91	2.13	2.63	2.22	0.32	0.23	0.38	0.31
200	4.37	2.47	2.45	3.10	1.75	0.45	1.91	1.37
300	6.59	4.13	5.14	5.29	2.33	1.09	2.32	1.91
400	9.92	7.61	8.48	8.67	3.95	4.21	4.26	4.14
500	21.56	21.84	22.29	21.90	12.45	13.02	9.92	11.80
600	24.92	22.51	24.05	23.83	19.16	16.12	19.64	18.31

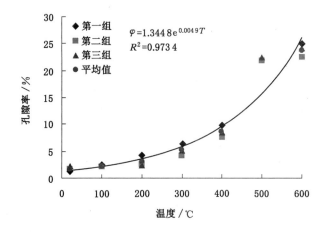

图 3-2　孔隙率随温度变化的曲线

　　图 3-3 为油页岩样孔隙率随失重率变化的曲线。根据试验数据拟合得到了孔隙率随失重率变化的关系为：

$$\varphi = -0.064\,4\omega^2 + 2.474\,9\omega + 0.604\,5 \tag{3-2}$$

式中，φ 为孔隙率，ω 为失重率，相关系数为 0.979 7。

3.2.3　孔隙尺寸随温度的变化

3.2.3.1　不同孔径孔隙体积

　　孔隙分布表征了不同的孔径所对应的孔隙含量，孔隙体积微分曲线纵坐

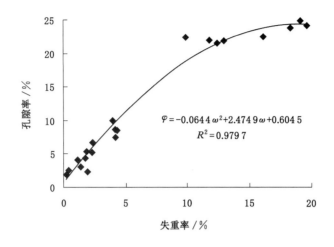

图 3-3 孔隙率随失重率变化的曲线

标为 dV/d(log D)，dV 为孔隙的体积变化量，d(log D) 为孔径的变化量。图 3-4 为不同温度下油页岩孔隙孔径分布微分曲线。孔隙结构类型采用霍多特(1996)方案，划分为微孔(孔径≤10 nm)、小孔(10 nm<孔径≤100 nm)、中孔(100 nm≤孔径<1 000 nm)和大孔(孔径>1 000 nm)四种类型。从图 3-4 中可以看出，在 500 ℃和 600 ℃作用下，油页岩样中的孔隙分布以小孔为主，中孔的含量次之。由于 500 ℃和 600 ℃时，孔隙体积的数值较大，所以在图 3-4 中，常温到 400 ℃的孔隙分布情况无法很好地反映，所以通过统计不同孔径的孔隙体积进行分析。

　　图 3-5 为不同温度下不同孔径孔隙体积变化曲线。由表 3-2 和图 3-5 结果可以看出，在不同温度段，油页岩内部不同孔径孔隙的体积分布差异较为明显。随着温度的升高，大孔的体积先增大，温度超过 400 ℃后减小；孔径在 100<d≤1 000 nm 范围内的中孔，体积随温度的升高呈增大趋势，400 ℃之前增长趋势平缓，温度超过 400 ℃后，中孔的体积突变；小孔的体积基本呈现增大的趋势，200 ℃到 300 ℃温度段内，小孔的孔隙体积减小；微孔体积的变化呈波动状态。在室温～400 ℃阶段，油页岩中的孔隙以大孔和小孔分布为主，微孔分布次之，中孔的含量最小；当温度在 500 ℃和 600 ℃时，以中孔和小孔分布为主，中孔和小孔的体积占总孔隙体积的 90％左右，小孔对体积分布的贡献值最高。

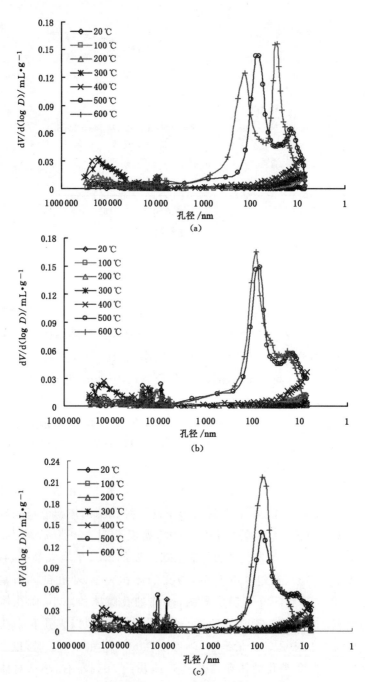

图 3-4　不同温度下油页岩孔隙孔径分布微分曲线

(a) 第一组试验结果；(b) 第二组试验结果；(c) 第三组试验结果

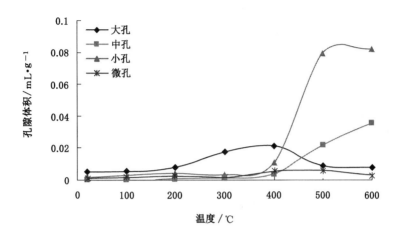

图 3-5   不同温度下不同孔径孔隙体积变化曲线

表 3-2   不同温度下不同孔径孔隙体积含量

温度 /℃	孔隙体积/mL·g⁻¹				孔隙体积百分比/%			
	大孔	中孔	小孔	微孔	大孔	中孔	小孔	微孔
20	0.004 6	0.000 1	0.001 6	0.000 9	63.89	1.39	22.22	12.50
100	0.005 2	0.000 1	0.002 9	0.001 8	52.00	1.00	29.00	18.00
200	0.007 2	0.000 4	0.004 3	0.002 1	51.43	2.86	30.71	15.00
300	0.017 3	0.001 8	0.003 3	0.001 6	72.08	7.50	13.75	6.67
400	0.021 3	0.003 5	0.010 6	0.005 5	52.08	8.55	25.92	13.45
500	0.008 7	0.021 6	0.078 6	0.005 7	7.59	18.85	68.59	4.97
600	0.008 0	0.035 5	0.081 9	0.002 8	6.24	27.69	63.89	2.18

上述结果表明,随着温度的升高,油页岩内部孔隙结构发生了明显的变化,主要是由于在温度升高过程中,伴随着油页岩内部的热解反应。在室温段,油页岩中的大孔体积百分含量最大,占整个孔隙体积的 63.89%,小孔次之,中孔最不发育,仅占整个孔隙体积的 1.39%;当温度升高到 200 ℃时,各阶段的孔隙均发生了变化,大孔、中孔、小孔和微孔的体积增幅分别为:56%、300%、169% 和133%,这主要是由于在此温度段,油页岩中的反应为表面水和吸附水的析出,水分析出后,在油页岩内部形成了孔隙空间,另一方面孔隙体积是由于油页岩内部的矿物质发生热破裂所形成的;到 300 ℃时,大孔和中孔孔隙的体积均呈现增大

趋势,小孔和微孔的孔隙体积呈现减少趋势,说明在此温度段,部分小孔和微孔相互连通形成大孔和中孔;在300℃到400℃温度范围内,油页岩中的有机质已开始发生热解反应,使得到400℃时,中孔和小孔的体积明显增大;在400℃到600℃温度范围内,热解在不断进行,中孔和小孔的体积发生了质的变化,微孔已基本得到了连通,但大孔的体积却显著减小,这是由于热解产生的油质物质没有完全从孔隙通道运移出去,而使得部分大孔被阻隔,最终压汞测得的大孔比例下降。

3.2.3.2 平均孔隙、临界孔隙随温度的变化

表3-3为不同温度下的平均孔径和临界孔径值,图3-6为平均孔径和临界孔径随温度变化的曲线。从图中可以看出,平均孔径和临界孔径均随温度的升高呈增大的趋势。随着温度的升高,到600℃时,与常温相比,平均孔径增大了近1.11倍,临界孔径增大了近1.62倍。随着温度的升高,受温度的影响,油页岩内部的孔隙不断增多,孔隙空间不断增大,平均孔径也随之不断增大;而在400℃之前,临界孔径的增幅较小,在400℃后发生明显的变化,说明热解对孔隙的形成起决定作用。

表3-3　不同温度下的平均孔径和临界孔径值

温度/℃	20	100	200	300	400	500	600
平均孔径/nm	22.890	27.500	32.022	33.809	35.786	37.699	48.306
临界孔径/nm	7.096	7.154	7.170	7.174	7.813	11.460	18.567

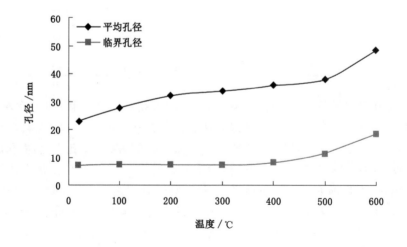

图3-6　平均孔径和临界孔径随温度变化的曲线

3.3 油页岩内部有效孔隙特征

汞被压入多孔材料中,当压力还原时,退汞曲线和进汞曲线不能重合,表明压力降低还原后,多孔材料的孔中有汞的滞留,这种现象称为汞滞后效应。这种汞滞后现象一方面与多孔材料内部的孔隙结构相关,另一方面与多孔材料表面粗糙度或表面不均匀性相关。墨水瓶(ink-bottle)孔的喉道比孔腔狭窄,若多孔材料含有大量这种孔,当压力提高到与孔腔相对应的数值时,汞不能通过狭窄喉道而充满孔腔,当压力增加到与喉道半径相对应的数值时,汞才能进入充满整个孔隙空间;而当压力逐渐降低时,全部"墨水瓶"孔腔中的汞被滞留[155-158]。

图 3-7 为抚顺油页岩不同温度作用下油页岩试样的孔隙体积(累计进汞量)与孔径的关系曲线。从图 3-7 中的第 1 次进汞和退汞曲线中可以看出,第 1 次的进汞量和退汞量不相等,存在汞的滞留,这是由孔隙中的墨水瓶效应所造成的。第 1 次退汞时,汞滞留在墨水瓶孔的孔腔中,而第 2 次试验时,汞只能进入管形孔中,退汞时,被压入的汞从管形孔中全部退出,所以第 2 次高压压汞试验中,被压入的汞体积小于第 1 次。从图 3-7 中还可看出,第 2 次汞可以完全退出,但退汞过程仍然存在滞后的现象,这是由于油页岩内部孔隙表面粗糙度不均匀所造成的,而表面粗糙又引起了接触角的滞后现象,即汞在进入和退出的过程中,其前进接触角和后退接触角是不一样的[159-160]。

3.3.1 接触角滞后效应修正

接触角所产生的滞后可以进行修正,接触角所产生的滞后用滞后系数来表征。滞后系数为:

$$\partial_\theta = \frac{\cos\theta_{in} - \cos\theta_{ex}}{\cos\theta_{in}} = 1 - \frac{\cos\theta_{ex}}{\cos\theta_{in}} \tag{3-3}$$

式中,θ_{in} 为前进接触角,θ_{ex} 为后退接触角,θ_{in}、$\theta_{ex} > 90°$,且一般 $\theta_{ex} < \theta_{in}$,所以 ∂_θ 越大,接触角所产生的滞后效应越大。

试验中,当汞压力达到最大 p_{max} 时,退汞开始,但由于接触角的滞后效应的存在,压力降低时,汞不能立即开始退出,汞退出发生在 $p_{max} - \Delta p$ 处。所以由 Washburn 方程式 $pD = -4\gamma\cos\theta$ 就可以得到:

$$-\frac{4\gamma\cos\theta_{in}}{p_{max}} = -\frac{4\gamma\cos\theta_{ex}}{p_{max} - \Delta p} \tag{3-4}$$

试验中,进汞时的前进接触角取 $\theta_{in} = 140°$。

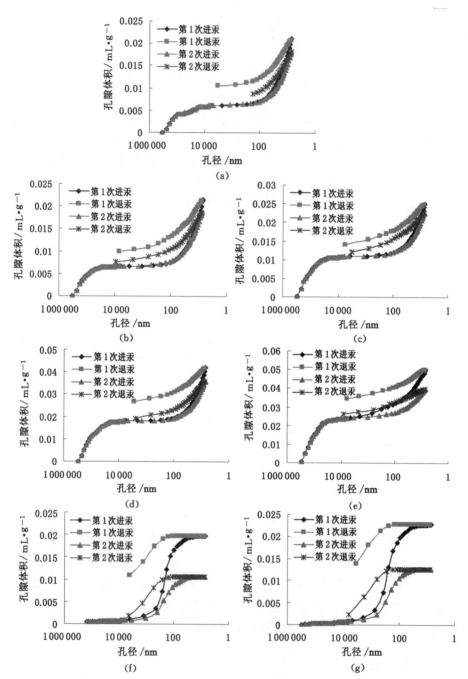

图 3-7　不同温度作用下油页岩样的孔隙体积与孔径的关系曲线

(a) 20 ℃;(b) 100 ℃;(c) 200 ℃;(d) 300 ℃;(e) 400 ℃;(f) 500 ℃;(g) 600 ℃

由式(3-4)可以得到滞后系数:

$$\partial_\theta = \frac{\Delta p}{p_{\max}} \qquad (3\text{-}5)$$

通过对图 3-7 退汞曲线的数据整理可得到不同温度作用下的滞后系数和接触角,见表 3-4。

利用表 3-4 中的数据绘制曲线,得图 3-8。从图 3-8 中可以看出,退汞时的后退接触角随温度的升高降低,滞后系数随温度的升高呈增大趋势,在 400 ℃ 到 500 ℃ 突变,说明随着温度的升高,油页岩内部的孔隙结构越来越复杂,孔隙表面粗糙度越来越大。

表 3-4 滞后系数和接触角随温度变化值

样品编号	温度/℃	∂_θ	$\theta_{in}/(°)$	$\theta_{ex}/(°)$
a	20	0.078 4	140	134.91
b	100	0.078 4	140	134.91
c	200	0.078 9	140	134.88
d	300	0.079 0	140	134.87
e	400	0.083 4	140	134.60
f	500	0.818 5	140	97.99
g	600	0.853 4	140	96.45

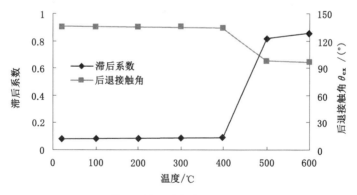

图 3-8 滞后系数和接触角随温度变化的曲线

图 3-9 为经过接触角修正滞后得到的进汞与退汞曲线,从图中可以看出,第 2 次进汞与退汞曲线基本重合,第 1 次进汞与退汞曲线之间的滞后环也变小。

3.3.2 有效孔隙表征

在 3.2 节中,对油页岩内部的孔隙率进行了研究,孔隙率随着温度的增大呈

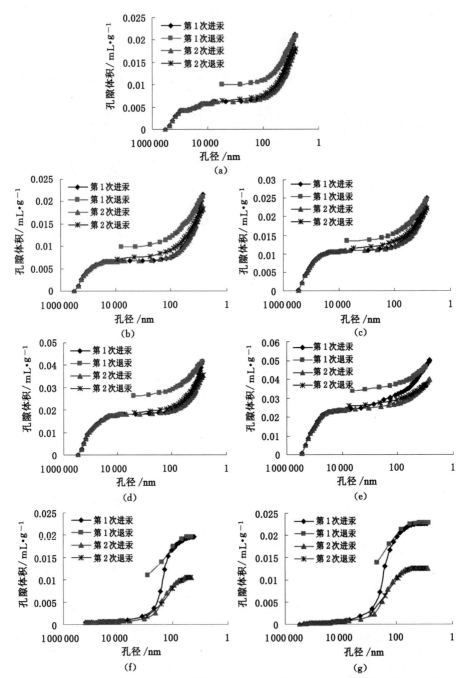

图 3-9　不同温度作用下油页岩试件的孔隙体积与孔径的关系曲线（接触角修正后）

(a) 20 ℃；(b) 100 ℃；(c) 200 ℃；(d) 300 ℃；(e) 400 ℃；(f) 500 ℃；(g) 600 ℃

增大趋势,而相互连通的孔隙才能为热解形成的油气物质提供渗流通道,即在油页岩中存在部分不具有渗透能力的孔隙,在此把具有渗透能力的孔隙定义为有效孔隙。在第1次进汞时,油页岩中所有的孔隙中都充满了汞,当压力释放时,除了墨水瓶孔外,有效孔隙中的汞析出,退出的汞量就是有效孔隙的体积,通过第2次进汞,可以获得有效孔隙的孔径分布。各温度段油页岩的有效孔隙体积、墨水瓶孔隙体积及其体积百分含量等参数见表3-5。

表 3-5 油页岩的有效孔隙体积、墨水瓶孔隙体积及其体积百分含量参数表

温度/℃	有效孔隙体积/mL·g⁻¹	墨水瓶孔隙体积/mL·g⁻¹	有效孔隙体积百分比/%	墨水瓶孔隙体积百分比/%	有效孔隙率 φ_{eff}/%
20	0.018 2	0.003	85.85	14.15	3.25
100	0.019	0.002 5	88.37	11.63	3.62
200	0.022 7	0.001 6	93.42	6.58	4.02
300	0.036	0.005 9	85.92	14.08	6.88
400	0.039 9	0.010 2	79.64	20.36	6.97
500	0.105 9	0.090 6	53.89	46.11	17.39
600	0.126 6	0.101 1	55.60	44.40	18.84

从表 3-5 和图 3-10 中可以看出,随着温度的升高,有效孔隙体积和墨水瓶孔隙体积都得到了增加,有效孔隙体积百分比呈先增大后降低的趋势,有效孔隙率随温度的升高逐渐增大。这个结果说明,随着温度的升高,油页岩内部的孔隙在不断地形成,基本以墨水瓶孔的形成为主,有效孔隙体积的增幅较小。

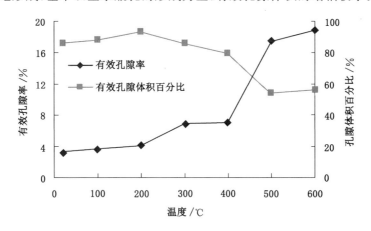

图 3-10 有效孔隙率和孔隙体积百分比随温度的变化曲线

3.4 高温及三维应力作用下油页岩内部孔隙特征

将在高温及三维应力作用下已进行渗流试验的试样加工成直径约为 7.5 mm,高度约为 15 mm,共加工三组压汞试验试样,温度分别为 300 ℃、400 ℃、500 ℃、600 ℃。

3.4.1 孔隙总体积随压力的变化

图 3-11 为三组试样孔隙体积随汞压的变化规律。从图 3-11 中可以看出,三组油页岩试样的孔隙总体积随汞压的增大,逐渐增大,并且随着温度的升高,从下到上依次排列。300 ℃的油页岩试样的孔隙体积在汞压为 2 MPa 之前急剧增大,当压力高于 2 MPa 后,增大趋势减缓;400 ℃的油页岩试样的孔隙体积在汞压为 20 MPa 左右开始趋于缓慢增大状态;500 ℃的油页岩试样的孔隙体积在汞压为 55 MPa 之前急剧增大,当压力高于 55 MPa 后,体积增大速度减缓;600 ℃油页岩试样的孔隙体积在汞压为 60 MPa 左右开始趋于平稳。从图中还可看出,随着温度的升高,油页岩试样的孔隙体积增大的幅度较大,从 300 ℃到 400 ℃,孔体积的增幅为 214%,从 400 ℃到 500 ℃,孔体积的增幅为 42%,从 500 ℃到 600 ℃,孔体积的增幅为 55%,说明温度从 300 ℃升高到 500 ℃时,油页岩内部的结构变化最大。

3.4.2 孔隙率随温度的变化

从表 3-6 中可以得出,随着温度的升高,孔隙率呈增大的趋势。300 ℃时的孔隙率为 5.89%,和 300 ℃时的孔隙率相比,400 ℃、500 ℃ 和 600 ℃ 时的孔隙率增幅分别为 194%、303% 和 438%。和表 3-1 中未进行渗透试验试样的孔隙率比较可以得出,经过渗透试验的试样的孔隙率高,300 ℃到 600 ℃的孔隙率比未进行渗透试验试样的孔隙率分别高 0.6%、8.62%、1.82% 和 7.83%,这是由于渗透试验过程中,流体的作用所引起的,且每个温度的孔隙率增量都不同。300 ℃时的孔隙率相差不大。当温度从 300 ℃升高到 400 ℃的过程中,油页岩试样内的有机质开始软化生成沥青和页岩油和热解气体,油页岩中的黏土矿物质对沥青有极强的吸附能力,从而占据了油页岩内部的部分孔容积;随着热解的进行,热解气体可以顺利释放并且携带出部分油质产物,而油质产物具有黏性,使其很难自己从试样内部释放,所以在进行渗透试验时,流体会将其携带出试样,形成孔隙体积,所以在 400 ℃,经过渗透试验的试样的孔隙率要明显高于未进行渗透试验的试样。在 400 ℃到 600 ℃温度阶段,油页岩内部的反应以热解油气物质的产出为主,孔隙流体继续将部分油质产物携带出试样,孔隙率增大。

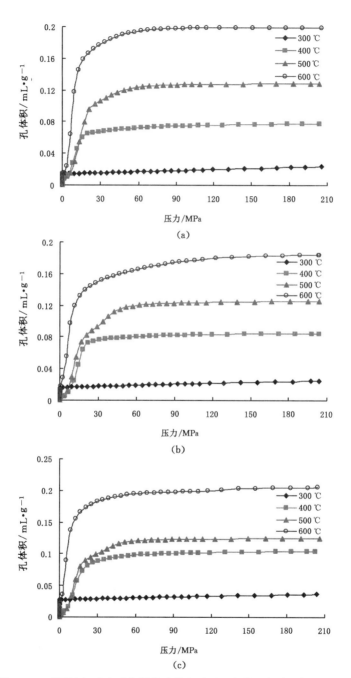

图 3-11 不同温度下油页岩样孔隙体积随汞压变化的规律(渗透试验后)

(a)第一组试验结果;(b)第二组试验结果;(c)第三组试验结果

表 3-6　孔隙结构特征参数平均值

温度/℃	总孔容 /mL·g⁻¹	总孔比表面积 /m²·g⁻¹	平均孔直径 /nm	临界孔径 /nm	孔隙率 /%
300	0.028 3	2.386 7	49.17	7.28	5.89
400	0.088 8	4.665 3	71.03	54.19	17.29
500	0.126 2	7.119 3	76.63	62.18	23.72
600	0.195 9	8.329 0	96.83	65.91	31.66

3.4.3　孔隙尺寸随温度的变化

3.4.3.1　不同孔径孔隙体积

图 3-12 为不同温度下油页岩孔隙孔径分布微分曲线。从图 3-12 中可以看出,300 ℃的油页岩试样大孔和小孔的含量较多;400 ℃、500 ℃和 600 ℃油页岩试样孔隙分布以中孔和小孔为主。

表 3-7 所示为经过统计得到的不同温度下不同孔径的孔隙体积及其百分含量,利用表 3-7 中的数据绘制图 3-13。从图 3-13 中可以看出,大孔的体积先减小后增大;孔径在 100 nm<d≤1 000 nm 范围内的中孔,体积随温度的升高呈增大趋势,在 300 ℃到 400 ℃和 500 ℃到 600 ℃温度段,增长的幅度较大,而在 400 ℃到 500 ℃温度段,增长幅度小;小孔的体积呈迅速增大后在 500 ℃后降低;微孔体积的变化幅度较小。在 300 ℃,油页岩试样孔隙以大孔为主,小孔的含量次之;400 ℃和 600 ℃的油页岩试样的孔隙中中孔的含量最大,小孔次之;而 500 ℃的油页岩试样孔隙分布以小孔为主。这是由于,在温度从 300 ℃升高到 400 ℃的过程中,油页岩试样内部有机质转化成沥青时体积膨胀,挤压了大孔的孔隙,造成了大孔孔隙体积的减小,而随着热解油气物质的不断产出,中孔和小孔的体积不断增大;从 400 ℃到 500 ℃,热解不断深化,各个阶段的孔隙都不断增多,体积不断增大;从 500 ℃到 600 ℃,小孔不断被连通,体积减小,大孔和中孔的体积增大。

表 3-7　不同温度下不同孔径孔隙体积含量(渗透试验后)

温度/℃	孔隙体积/mL·g⁻¹				孔隙体积百分比/%			
	大孔	中孔	小孔	微孔	大孔	中孔	小孔	微孔
300	0.018 7	0.001 3	0.005 8	0.002 8	65.38	4.55	20.28	9.79
400	0.006 5	0.043 2	0.037 9	0.001 1	7.33	48.70	42.73	1.24
500	0.006 9	0.049 2	0.069 2	0.001	5.46	38.96	54.79	0.79
600	0.018 2	0.122 1	0.054	0.002 1	9.27	62.17	27.49	1.07

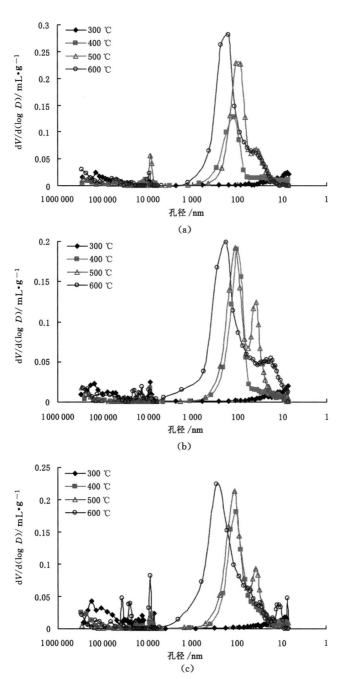

图 3-12　不同温度下油页岩孔隙孔径分布微分曲线(渗透试验后)

(a)第一组试验结果;(b)第二组试验结果;(c)第三组试验结果

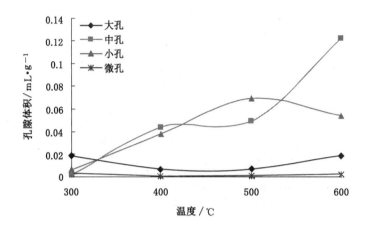

图 3-13　不同温度下不同孔径孔隙体积变化曲线(渗透试验后)

3.4.3.2　平均孔隙、临界孔隙随温度的变化

图 3-14 为平均孔径和临界孔径随温度变化的曲线。从图中可以看出,平均孔径和临界孔径随温度呈现出相同的变化趋势,均随温度的升高呈增大的趋势。与未进行渗透试验试样相比,300 ℃、400 ℃、500 ℃和 600 ℃的油页岩试样的平均孔径和临界孔径全部增大,平均孔径分别增大了 0.45 倍、0.98 倍、1.03 倍、1.00倍,临界孔径分别增大了 0.015 倍、5.94 倍、4.43 倍、2.51 倍,说明在孔隙流体的作用下,油页岩试样内部的孔隙体积不断增大。

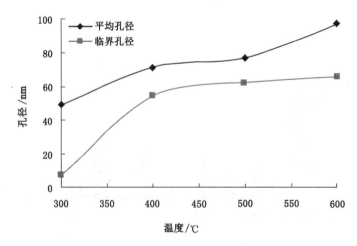

图 3-14　平均孔径和临界孔径随温度变化的曲线(渗透试验后)

3.5 油页岩内部孔隙结构分形特征

3.5.1 分形理论及分形模型的建立

分形理论为在不同温度作用后的油页岩内部孔隙结构的研究提供了一种有效方法。在多孔介质分形模型建立的过程中,最常用的有两种:一种是基于 Sierpinski 地毯模型来表征孔隙表面分布分形特征,基于此可获得孔隙表面分布的分形维数;另一种是根据 Menger 海绵模型来表征孔隙体积分布的分形特征,基于此可获得孔隙体积分布的分形维数。

Menger 海绵模型的建立过程是[161-163]:将一个单位边长立方体分成 m^3 个大小相等的小立方体,去掉其中的 n 个小立方体后,剩余小立方体的个数为 $m^3 - n$,以此规则不断进行操作,剩下的小立方体的尺寸在不断减小,数目在不断增大。经过 k 次操作后,剩余小立方体的边长和数目为:

$$r_k = 1/m^k, N_k = (m^3 - n)^k \tag{3-6}$$

剩余立方体构成多孔介质的骨架部分,体积为 V_k,去掉的小立方体空间则构成了多孔介质材料三维空间的孔隙结构,体积为 V_p。

根据分形理论,小立方体的边长和数目满足:

$$N_k = r_k^{-D_M} \tag{3-7}$$

式(3-7)中:

$$D_M = \lg N_k / r_k = \lg(m^3 - n)/\lg m \tag{3-8}$$

式(3-8)称为孔隙体积分形维数。

则:

$$V_k \propto r_k^{3-D_M}, V_p = 1 - V_k \tag{3-9}$$

将式(3-9)代入式(3-8)中两边求导可得:

$$-\frac{dV_p}{dr} \propto r^{2-D_M} \tag{3-10}$$

再对式(3-10)两边取对数得:

$$\lg\left(-\frac{dV_p}{dr}\right) \propto (2 - D_M)\lg r \tag{3-11}$$

Menger 海绵模型的建立过程与压汞法测量孔隙分布的过程相似,即先侵入大孔,然后再向小孔延伸。所以基于 Menger 海绵模型基础,利用压汞试验的孔径分布测试结果,可以获得油页岩在不同温度下的孔隙体积分布的分形特性,以及分形维数随温度演化的规律。

压汞试验中压力和孔径满足 Washburn 方程：

$$pD = -4\gamma\cos\theta \tag{3-12}$$

式中，p 为压力；γ 为液态汞的表面张力，取为 0.480 N/m；θ 为固液接触角，取为 140°。

结合式(3-11)和式(3-12)可得：

$$\log\frac{\mathrm{d}V_\mathrm{P}}{\mathrm{d}p} \propto (D_\mathrm{M} - 4)\lg p \tag{3-13}$$

孔隙体积分形维数的量测即转换成压入水银的压力 p 和孔隙体积 V_P 的量测，根据 $\dfrac{\mathrm{d}V_\mathrm{P}}{\mathrm{d}p}$ 与 p 的双对数图(图 3-15～图 3-17)的斜率就可以直接求得孔隙的体积分形维数。

3.5.2 油页岩孔隙体积分形维数

图 3-15、图 3-16、图 3-17 分别为不同温度作用后三组油页岩试样的 $\dfrac{\mathrm{d}V_\mathrm{P}}{\mathrm{d}p}$ 与 p 的双对数图，通过直线拟合可以得到直线的斜率 $K = D_\mathrm{M} - 4$，$D_\mathrm{M} = 4 + K$，通过计算可得不同温度下油页岩试样孔隙体积分形维数，见表 3-8。

表 3-8 不同温度下油页岩试样孔隙体积分形维数

温度/℃	20	100	200	300	400	500	600
分形维数	2.846 5	3.036 9	3.075 7	2.965 1	3.068 9	3.345 1	3.425 8
	3.024 1	3.036 9	2.975 4	2.767 1	3.035 1	3.293 9	3.307 7
	3.057 6	3.033 1	3.065 2	2.953 5	3.044 0	3.295 8	3.213 1
平均	2.976 1	3.035 6	3.038 8	2.895 2	3.049 3	3.311 6	3.315 5

图 3-18 为油页岩试样孔隙体积分形维数随温度变化的曲线，由图 3-18 可知，从 20 ℃到 600 ℃，油页岩试样孔隙体积分形维数随温度的升高呈现先升高后降低再升高的趋势，说明在不同温度作用下，油页岩试样内部的孔隙结构变化复杂。从 20 ℃到 200 ℃，油页岩试样内部的表面水和部分吸附水的脱出及热破裂等的影响使得油页岩试样内部的孔隙分布变得较为离散，体积分形维数增大；在 200 ℃到 300 ℃升温过程中，黏土矿物层间水的不断脱出产生蒸汽压，增加了孔隙空间，孔隙分布离散程度降低。当温度超过 300 ℃之后，油页岩内部的热解情况变得复杂，表现为孔隙分布的离散程度不断提高，所以在此温度段分形维数 D_M 呈现不断增加的趋势。

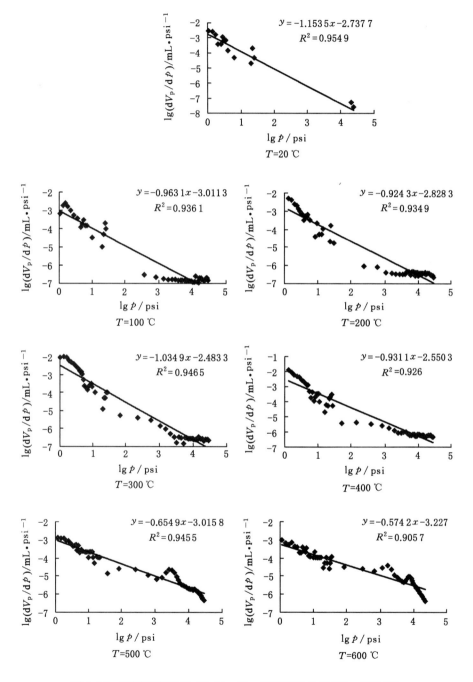

图 3-15　不同温度下的 dV_p/dp 与 p 的双对数曲线(第一组试样)

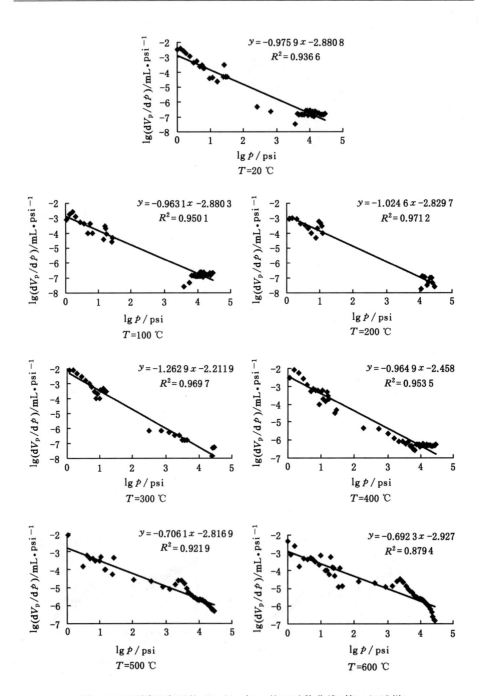

图 3-16 不同温度下的 dV_p/dp 与 p 的双对数曲线(第二组试样)

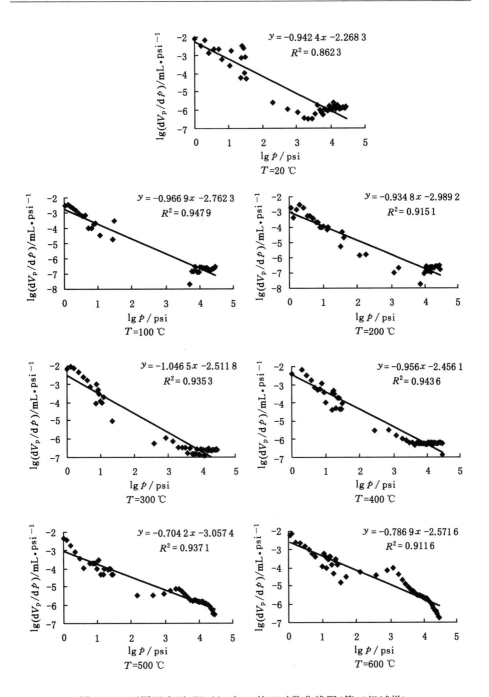

图 3-17 不同温度下 dV_p/dp 与 p 的双对数曲线图(第三组试样)

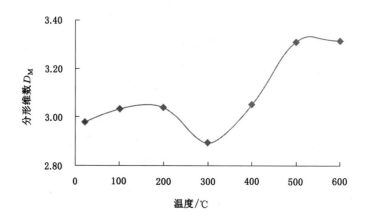

图 3-18　孔隙体积分形维数随温度变化的曲线

3.6　高温作用下油页岩细观渗透特性研究

3.6.1　油页岩渗透率与孔隙结构相关性

多孔介质的渗透率与其孔隙结构性质有关,而孔隙结构和渗透率之间的关系又极为复杂,所以可以通过简化孔隙结构,建立相应的理论物理模型,来探索孔隙结构和渗透率的关系。

3.6.1.1　Kozeny-Carman 方程[164]

Kozeny-Carman 方程表达式为:$k = \dfrac{C\varphi^{n+1}}{S^2(1-\varphi)^n}$,式中:$C$ 和 n 为 Kozeny-Carman 常数,和孔隙的形状有关,对于不同的介质这两个常数是不同的,一般情况取 $C=5,n=2$;φ 是多孔介质的孔隙率,S 是多孔介质的孔隙比表面积。

Eseme 等[114]对 6 个不同地质时期不同环境形成的油页岩样进行了高温三轴压缩试验过程中岩石物理性能演化方面的研究,并利用 Kozeny-Carman 方程计算不同的油页岩样的渗透率,取 $C=2.064\times10^{-7}$ m^6/g^2。试验得出:原始状态油页岩的渗透率为 6.97×10^{-24} m^2～5.22×10^{-21} m^2,经过压缩试验后油页岩样的渗透率为 0.2×10^{-21} m^2～4.8×10^{-21} m^2。压汞试验可以获得油页岩试样的孔隙率和孔隙比表面积,在本节中用 Kozeny-Carman 方程,按文献[114]中的 $C=2.064\times10^{-7}$ m^6/g^2,n 取 2,可计算抚顺西露天矿不同温度作用后的油页岩试样的渗透率,记为 k_1。

3.6.1.2　等效管道模型

把多孔介质假设成直径均为 D、长度为 L 的平行毛细管组成,单位面积的

毛细管数目为 n，如果与流动方向相垂直的每单位横截面积上有 N 根这样的细管，则通过该多孔介质的流量为：

$$q = -N\frac{\pi D^4 \rho g}{128\mu}\frac{\mathrm{d}p}{\mathrm{d}S} \tag{3-14}$$

该模型的孔隙率为：

$$\varphi = \frac{N(\pi D^2/4)L}{L} = \frac{N\pi D^2}{4} \tag{3-15}$$

根据达西定律有：

$$q = -\frac{k\rho g}{\mu}\frac{\mathrm{d}p}{\mathrm{d}S} \tag{3-16}$$

将式代入式(3-16)可得：

$$k = \frac{N\pi D^4}{128} = \frac{\varphi D^2}{32} = \frac{\varphi D^2}{16\tau} \tag{3-17}$$

式中，τ 为孔隙的迁曲度，圆柱形孔的迁曲度为 2。压汞试验可以获得油页岩试样的孔隙率和孔隙迁曲度及平均孔隙直径，按式就可以计算抚顺西露天矿不同温度作用后的油页岩试样的渗透率，记为 k_2。

3.6.2 基于压汞法分析的油页岩试样渗透率随温度的变化

表 3-9 为三组试样孔隙结构参数及渗透率计算的平均值。利用 Kozeny-Carman 方程计算得到的渗透率为 k_1，利用等效管道模型计算得到的渗透率为 k_2，图 3-19 为迁曲度随温度变化的曲线，迁曲度表征了不同温度下油页岩内部孔隙通道的弯曲程度。从图 3-19 中可以看出，随着温度的升高，油页岩内部孔隙的迁曲度逐渐减小，说明随着热解的进行，油页岩内部孔隙通道弯曲程度在降低，有利于油气产物的渗透及运移，尤其在油气物质开始大量产出后，油页岩孔隙通道的迁曲度呈大幅下降趋势。

表 3-9　三组试样孔隙结构参数及渗透率平均值

温度 /℃	总孔比表面积 /m² · g⁻¹	平均孔直径 /nm	孔隙率 /%	迁曲度	k_1 /10^{-6} μm²	k_2 /10^{-6} μm²
20	1.673 0	25.58	2.02	2.218	0.79	0.27
100	1.719 0	27.69	2.63	2.211	1.14	0.48
200	1.705 0	26.04	2.45	2.207	2.41	1.00
300	2.006 0	46.46	5.14	2.187	7.07	2.87
400	4.850 0	33.98	8.48	2.166	8.01	3.26
500	12.110 0	38.74	22.29	2.085	24.03	9.34
600	9.617 0	52.24	24.05	2.041	43.11	17.05

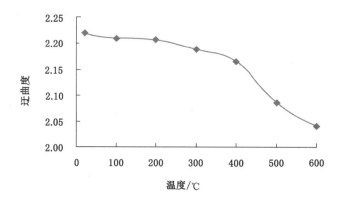

图 3-19　迂曲度随温度变化的曲线

　　图 3-20 和图 3-21 分别为渗透率 k_1 和 k_2 随温度变化的曲线。从图中可以看出，k_1 和 k_2 随温度的变化具有相同的变化趋势，均随温度的升高，渗透率呈不断增大的趋势，而 400 ℃为渗透的阈值温度。当温度高于 400 ℃后，渗透率开始大幅增加。和常温相比，k_1 增大了 54 倍，k_2 增大了 63 倍。

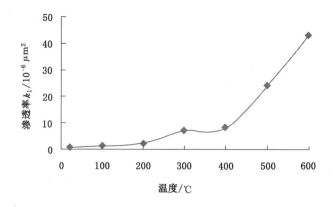

图 3-20　渗透率 k_1 随温度变化的曲线

　　多孔介质的渗透率仅与骨架性质相关，而相应的骨架性质主要是孔径分布、孔隙形状、比表面积、孔隙通道迂曲度及孔隙率。k_1 与孔隙比表面积、孔隙率和孔隙形状相关，k_2 与孔隙率、平均孔径（孔隙分布）及孔隙通道迂曲度相关。从表 3-9 和图 3-20 和图 3-21 中可以看出，渗透率随温度的变化不是随某个参数呈单调递增或递减的关系，而是受多个参数共同影响。很多研究者曾对单一的骨架性质与渗透率的关系进行了研究，王启立[165]对不同孔隙率石墨试样进行了渗透率的测量研究表明：渗透率并不随孔隙率呈单调增、减的变化规律，并且

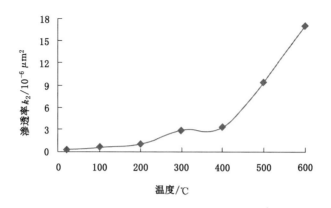

图 3-21 渗透率 k_2 随温度变化的曲线

在考虑迂曲度和不考虑迂曲度情况下对理论渗透率进行了计算,得到的渗透率相差在 50% 左右,表明迂曲度对渗透率的影响较大,迂曲度越大,流体在孔隙通道中流动受到的阻力越大,渗透率也就越低。邓英尔和黄润秋[166]根据压汞测试结果对岩石渗透率进行了研究。结果表明,岩石体积分形维数和迂曲度分形维数与渗透率及孔隙率之间存在着复杂的解析关系。还有研究结果表明[167-170]:渗透率与最大、最小、平均及临界孔径均存在一定的关系。

3.7 本章小结

本章利用压汞法对在高温作用后和在高温三维应力作用下已进行渗流试验的试样的孔隙结构特征进行研究,并对平均孔径、临界孔径、孔隙率、迂曲度随温度变化的规律进行了分析。根据压汞法所存在的偏差对试验数据进行校正,研究了不同温度作用下油页岩内部有效孔隙特征。利用分形理论对油页岩的孔隙结构进行研究,并用 Kozeny-Carman 方程和等效管道模型对油页岩的渗透率进行了计算,主要结论如下:

(1) 不同温度作用下油页岩内部孔隙结构特征为:

① 不同温度作用下的油页岩样的孔隙总体积随汞压的增大,逐渐增大。

② 不同温度下油页岩的孔隙率和温度呈指数关系,拟合关系为 $\varphi = 1.344\ 8 \cdot e^{0.004\ 9T}$;孔隙率随失重率的变化关系为 $\varphi = -0.064\ 4\omega^2 + 2.474\ 9\omega + 0.604\ 5$。

③ 油页岩平均孔径和临界孔径均随温度的升高呈增大的趋势。随着温度的升高,到 600 ℃ 时,与常温相比,平均孔径增大了近 1.11 倍,临界孔径增大了近 1.62 倍。

（2）对接触角所产生的滞后效应进行修正，得到：退汞时的后退接触角随温度的升高降低，滞后系数随温度的升高呈增大趋势，在 400 ℃ 到 500 ℃ 突变，说明随着温度的升高，油页岩内部的孔隙结构越来越复杂，孔隙表面粗糙度越来越大。

（3）通过二次进汞试验，得出：随着温度的升高，油页岩内部的孔隙在不断地形成，在 200 ℃ 以后，基本以墨水瓶孔的形成为主，有效孔隙体积在增大，但增幅较小。

（4）高温及三维应力作用下已进行渗流试验油页岩内部孔隙结构特征为：

① 随着温度的升高，油页岩试样的孔隙体积增大的幅度较大，从 300 ℃ 到 400 ℃，孔体积的增幅为 214％，从 400 ℃ 到 500 ℃，孔体积的增幅为 42％，从 500 ℃ 到 600 ℃，孔体积的增幅为 55％，说明温度从 300 ℃ 升高到 500 ℃ 时，油页岩内部的结构变化最大。

② 随着温度的升高，孔隙率呈增大的趋势。300 ℃ 时的孔隙率为 5.89％，和 300 ℃ 时的孔隙率相比，400 ℃、500 ℃ 和 600 ℃ 时的孔隙率增幅为 194％、303％ 和 438％。经过渗透试验的试样的孔隙率高，300 ℃ 到 600 ℃ 的孔隙率比高温作用下未进行渗透试验试样的孔隙率分别高 0.6％、8.62％、1.82％ 和 7.83％，这是由于渗透试验过程中，流体的作用所引起的，且每个温度的孔隙率增量都不同。

③ 随着温度的升高，油页岩内部大孔的体积先减小后增大；中孔的体积随温度的升高呈增大趋势；小孔的体积呈迅速增大后在 500 ℃ 后降低；微孔体积的变化幅度较小。

④ 平均孔径和临界孔径随温度呈现出相同的变化趋势，均随温度的升高呈增大的趋势。与高温作用下未进行渗流试验试样相比，300 ℃、400 ℃、500 ℃ 和 600 ℃ 的油页岩试样的平均孔径和临界孔径全部增大，平均孔径分别增大了 0.45 倍、0.98 倍、1.03 倍、1.00 倍，临界孔径分别增大了 0.015 倍、5.94 倍、4.43 倍、2.51 倍，说明在孔隙流体的作用下，油页岩试样内部的孔隙不断得到连通。

（5）随着温度的升高，油页岩内部孔隙的迂曲度逐渐减小，说明随着热解的进行，油页岩内部孔隙通道弯曲程度在降低，有利于油气产物的渗透及运移，尤其在油气物质开始大量产出后，油页岩孔隙通道的迂曲度呈大幅下降趋势。

（6）利用 Kozeny-Carman 方程计算得到的渗透率为 k_1，利用等效管道模型计算得到的渗透率为 k_2。k_1 和 k_2 随温度的变化具有相同的变化趋势，均随温度的升高，渗透率呈不断增大的趋势，而 400 ℃ 为渗透的阈值温度，当温度高于 400 ℃ 后，渗透率开始大幅增加。和常温相比，k_1 增大了 54 倍，k_2 增大了 63 倍。

4 高温及三维应力作用下油页岩渗透 规律试验研究

4.1 引 言

岩石渗透性是表征岩石内部孔隙发育及其连通程度的重要参数,渗透性与岩石内部孔隙裂隙结构紧密相关,孔隙网络越发育,连通性越好,岩石的渗透性能越高。目前,国内外关于岩石渗透性的研究报道已有很多。张渊等[171]采用20 MN 伺服控制高温高压岩体三轴试验机,在不同温度和恒定压力条件下,研究了温度和孔隙压力对岩石渗透率的影响规律。研究结果发现,长石细砂岩渗透率同时存在温度门槛值和孔隙压力门槛值,当温度和孔隙压力达到门槛值后,其渗透率出现大幅度增加。冯子军等[172]利用 20 MN 伺服控制高温高压岩体三轴试验机系统,对煤体在不同温度时渗透特性的演化规律进行了研究。结果表明:煤体渗透率随温度的变化存在一个阈值温度,不同煤体具有不同的阈值温度。煤体渗透率随温度的变化呈现阶段性:室温至阈值温度段,渗透率随温度的增加而降低;阈值温度至峰值温度段,渗透率随温度的升高而增加;高于峰值温度后,渗透率随温度的增加而降低。

油页岩原位开采过程有一个关键问题为油页岩能否为其热解产出的油气提供足够多的渗透通道,即在油页岩原位开发过程中,如何提高油页岩的渗透性能。关于油页岩的渗透特性,已做过一些研究,刘中华等[173]对经过高温干馏后的油页岩进行了渗透特性的研究,得出致密的油页岩经过高温干馏后产生孔隙裂隙,导致油页岩的渗透系数显著增大;并且根据试验结果给出了渗透系数 K 与孔隙压 p,体积应力 Θ 的关系式。杨栋等[174]将油页岩试样进行高温高压水蒸气干馏后,测定其渗透性,得出高温高压蒸汽可以提高油页岩的渗透率,并且得出渗透系数是体积应力和孔隙压的函数。上述的结果都是在干馏完成后再进行渗透试验得到的。本章利用太原理工大学自主研制的高温三轴渗透试验台,对油页岩试样进行原位应力状态下的高温热解渗透试验。

4.2 试验概况

4.2.1 试验系统

图 4-1 为高温三轴渗透试验系统。该试验系统由以下几部分组成：动力系统、测试控制系统、温度测控系统、冷却系统及反应釜。试验机侧压采用固体传压方式，轴压和侧压载荷独立控制加载，采用光栅尺精确测量岩样变形，其精度为 0.001 mm，并采用热电偶测定加热温度，温度控制灵敏度不大于±0.3%；应力、温度等参数全自动采集。

图 4-1 高温三轴渗透试验系统

4.2.2 试验样品

试验所用样品取自抚顺西露天矿，在矿区现场用沥青封裹，运回室内根据实验需要顺层理加工成 ϕ50 mm×100 mm 的标准试样，对试样端面进行处理以保证其平整度，加工完成后，用蜡封进行保存，以防止样品发生风化开裂，在试验开始前，再将样品外表面的蜡去除。本次试验共用油页岩试样 6 块，见图 4-2。

4.2.3 试验方法及步骤

油页岩样渗透性的测试具体步骤如下：

（1）测量试样尺寸，对试样进行称重，然后将试样安装在反应釜体内，并对试样进行密封。

（2）检查试样密封性，施加密封压力。交替施加轴压和围压至设定值，本次试验所采用油页岩样品的埋深为 200 m，为模拟油页岩的原岩应力状态，取200 m 埋深的垂直应力为 5 MPa，测压系数取 1.2，即水平应力为 6 MPa。

图 4-2 油页岩试验样品

（3）设定温度开始加热，当温度达到目标温度后，保温一定的时间至不再有热解产物产出为止，开始进行目标温度下的渗透性能测试。试验过程中保持轴压与围压不变，从常温起开始加温，测试温度为 100 ℃、200 ℃、300 ℃、350 ℃、400 ℃、450 ℃、500 ℃、550 ℃、600 ℃。

（4）进行渗透性测试过程中，施加的孔隙压力分别为 1 MPa、1.5 MPa、2 MPa、2.5 MPa 和 3 MPa，孔隙压流体采用氮气。用排水取气法测定流出的气体体积，待所测流体体积稳定后，开始测定一定时间段内流出流体的体积并记录试验数据，每组孔隙压力组合下重复 3 次测试。上组孔隙压力作用的测试完成后，将孔隙压力调整到预定值后，要等待一段时间再开始测量数据，以消除上一组试验过程对这一组试验过程的影响。

（5）在试验过程中，每 10 min 记录一次轴向变形的数据。

（6）试验所用 6 块试样编号为 1#～6#，1#、2# 和 3# 试样的测试温度为 600 ℃，并同时测试了 1# 和 2# 试样的轴向变形特征，4#、5# 和 6# 试样的测试温度分别为 300 ℃、400 ℃和 500 ℃。待试样渗透试验测试完毕后，将其取出，进行微观试验研究。

4.3　高温及三维应力作用下油页岩渗透特征

4.3.1　渗透率的计算理论

试验过程中采用氮气作为孔隙流体来测量油页岩试样的渗透率。由于气体具有强的可压缩性，当试样两端存在压差时，气体在试样内各点的压缩量和流量是变化的。气体在试样内任一点的流动状态用达西定律的微分形式可以表示为：

$$Q = -\frac{kS}{\mu}\frac{\mathrm{d}p}{\mathrm{d}L} \qquad (4-1)$$

气体从进口渗流到出口的过程中气体的质量不变,在等温条件下气体体积流量随压力的变化满足 $Qp = Q_0 p_0$,由此式(4-1)可写为:

$$k = -\frac{Q_0 p_0 \mu}{S} \frac{\mathrm{d}L}{p \, \mathrm{d}p} \tag{4-2}$$

对式(4-2)分离变量并积分得到气测渗透率的计算公式:

$$k = \frac{2Q_0 p_0 \mu L}{S(p_1^2 - p_2^2)} \tag{4-3}$$

式中:k 为油页岩试样的渗透率(μm^2);Q_0 为 p_0 条件下测量的气体体积流量(mL/s);p_0 为试验环境的大气压力(MPa);μ 为试验中氮气的动力黏度系数(取 1.8×10^{-5} Pa·S);L 为试验中试样的长度(mm);S 为试验中试样的横截面积(mm^2);p_1 为进口孔隙压力(MPa);p_2 为出口孔隙压力(MPa)。

4.3.2 渗透率随温度变化的规律

本次试验模拟油页岩在原位应力状态下,渗透率随温度变化的特征,在试验过程中轴压和围压保持不变。根据在不同温度点和不同孔隙压力条件下试验所测得的数据,利用式(4-3)计算油页岩试样在热解过程中的渗透率。图 4-3 为 3 个油页岩试样在试验前后的对比图,从图中可以看出,原始状态的油页岩试样比较致密,在经过试验之后,裂隙较为发育。

4.3.2.1 1# 试样渗透率随温度变化的规律

表 4-1 为不同温度和不同孔隙压力条件下,1# 油页岩试样的渗透率计算结果。根据表 4-1 绘制不同孔隙压力下油页岩试样渗透率随温度变化的曲线,见图 4-4。在试验中,常温和 100 ℃ 温度条件下,1# 试样没有渗透,渗透率为 0,所以在表中和图中没有体现。

表 4-1 不同温度下 1# 试样的渗透率

温度 /℃	渗透率/10^{-5} μm^2				
	1 MPa	1.5 MPa	2 MPa	2.5 MPa	3 MPa
200	0.148 2	0.106 5	0.091 9	0.073 5	0.062 0
300	2.104 9	1.322 2	0.807 8	1.227 6	0.998 4
350	0.000 0	0.000 0	0.000 0	0.000 0	0.000 0
400	7.205 8	3.798 9	2.324 3	1.527 0	0.974 9
450	11.272 0	6.255 7	4.469 8	3.633 8	3.060 7
500	54.558 3	31.574 2	29.117 4	23.681 2	20.950 3
550	83.597 8	69.408 6	66.547 1	58.682 0	49.170 8
600	98.521 8	73.468 2	70.354 7	61.063 4	54.274 9

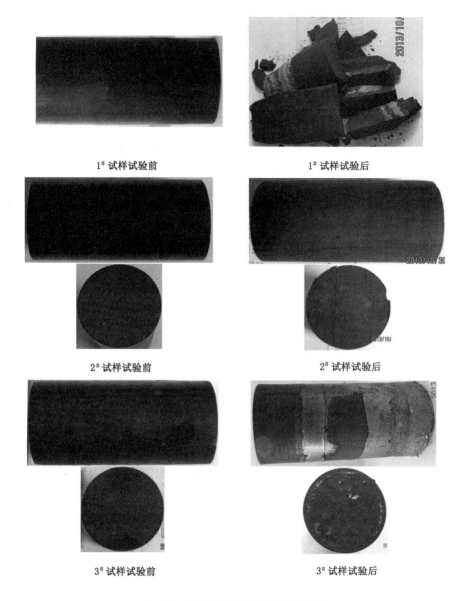

1# 试样试验前　　　　　　　　　　1# 试样试验后

2# 试样试验前　　　　　　　　　　2# 试样试验后

3# 试样试验前　　　　　　　　　　3# 试样试验后

图 4-3　油页岩试样试验前后对比图

从图 4-4 中可以看出,不同孔隙压力条件下,随着温度的升高,渗透率具有相同的变化趋势。随着温度的升高,油页岩渗透率呈现先升高后降低,之后又逐渐升高的趋势。在常温到 300 ℃的低温段,油页岩试样内部主要以物理变化为主,随着温度的逐渐升高油页岩中有机质开始发生热解,在 300 ℃到

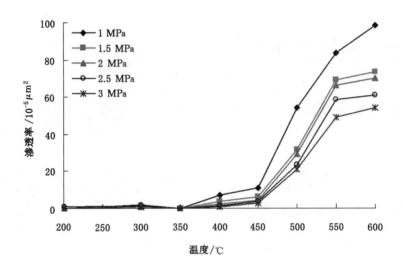

图 4-4   不同孔隙压力下 1# 试样渗透率随温度变化的曲线

600 ℃阶段,油页岩内部的变化以化学变化为主。油页岩试样随温度的变化呈如下规律:

(1) 常温下油页岩不具有渗透性,这主要是由于油页岩比较致密,原始状态下的孔隙不发育。而当温度升高到 100 ℃时,油页岩的渗透率同样为零,这是由于在这个阶段,油页岩中的反应为表面水和部分吸附水的脱出,对油页岩的结构影响较小。

(2) 当温度升高到 200 ℃时,油页岩试样开始渗透,但渗透率较低;温度从 200 ℃升到 300 ℃时,渗透率呈增大的趋势,增幅较小;而当温度继续升高达到 350 ℃时,渗透率再次呈现为零;继续升温,油页岩试样的渗透率又开始增大。在 350 ℃到 450 ℃温度段,渗透率的增长趋势较缓;在 450 ℃到 550 ℃温度段,渗透率的增长速度最大,增幅也最大;在 550 ℃到 600 ℃温度段,增长速度减慢。

4.3.2.2   2# 试样渗透率随温度变化的规律

表 4-2 为不同温度和不同孔隙压力条件下,2# 油页岩试样的渗透率计算结果。根据表 4-2 绘制不同孔隙压力下油页岩试样渗透率随温度变化的曲线,见图 4-5。和 1# 试样相同,在试验中,常温和 100 ℃温度条件下,2# 试样也不具有渗透性,渗透率为 0,所以在表中和图中没有体现。从图 4-5 中可以看出,随着温度的升高,油页岩渗透率呈现先升高后降低,之后又逐渐升高的趋势。

表 4-2　不同温度下 2# 试样的渗透率

温度 /℃	渗透率/10⁻⁵ μm²				
	1 MPa	1.5 MPa	2 MPa	2.5 MPa	3 MPa
200	0.163 9	0.125 7	0.107 1	0.089 7	0.062 8
300	11.580 8	12.033 7	12.259 9	11.889 6	11.562 7
350	1.976 5	1.072 8	0.770 1	1.239 6	1.295 7
400	2.625 0	1.228 4	0.716 4	0.825 6	1.067 9
450	15.039 6	9.065 1	7.739 1	7.839 3	9.658 3
500	85.234 5	83.530 5	80.819 6	75.943 2	74.494 7
550	108.878 2	99.408 6	96.547 1	88.682 0	82.170 8
600	126.321 8	110.236 6	102.217 3	98.726 1	89.645 3

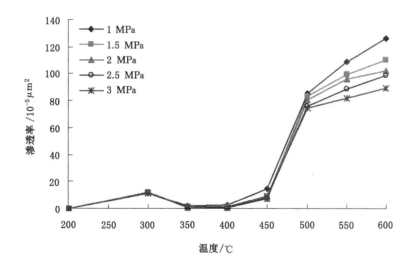

图 4-5　不同孔隙压力下 2# 试样渗透率随温度变化的曲线

2# 油页岩试样随温度的变化呈如下规律：

（1）常温和 100 ℃下油页岩不具有渗透性。

（2）当温度升高到 200 ℃时，油页岩试样开始渗透；温度从 200 ℃升高到 300 ℃时，渗透率呈增大的趋势，增幅较小；当温度继续升高达到 350 ℃时，渗透率降低；400 ℃时的渗透率和 350 ℃相似，没有实质性的变化；继续升温，油页岩试样的渗透率又开始增大。在 450 ℃到 500 ℃温度段，渗透率的增幅最大；在 500 ℃到 600 ℃温度段，增长速度减慢。

4.3.2.3 3#试样渗透率随温度变化的规律

表 4-3 所示为不同温度和不同孔隙压力条件下,3#油页岩试样的渗透率计算结果。根据表 4-3 绘制不同孔隙压力下油页岩试样渗透率随温度变化的曲线,见图 4-6。和 1#试样相同,在试验中,常温和 100 ℃温度条件下,3#试样也不具有渗透性,渗透率为 0,所以在表中和图中没有体现。从图 4-6 中可以看出,随着温度的升高,油页岩渗透率变化规律较复杂,呈现先升高后降低,再次升高后降低,之后又逐渐升高的趋势。

表 4-3 不同温度下 3#试样的渗透率

温度 /℃	渗透率/10^{-5} μm^2				
	1 MPa	1.5 MPa	2 MPa	2.5 MPa	3 MPa
200	0.134 5	0.115 8	0.098 1	0.070 2	0.053 3
300	5.867 6	3.057 3	1.793 0	1.626 7	1.156 3
350	0.000 0	0.000 0	0.000 0	0.000 0	0.000 0
400	23.470 4	14.140 1	12.888 3	9.211 2	6.475 1
450	20.258 6	9.799 8	5.946 1	4.478 2	4.285 0
500	22.235 1	10.700 6	8.444 0	8.231 3	8.978 1
550	43.234 9	24.158 3	21.148 4	20.088 2	19.044 5
600	65.161 2	33.849 0	31.262 9	30.867 2	26.526 3

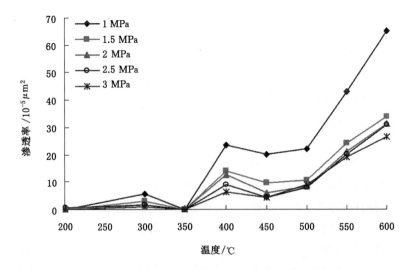

图 4-6 不同孔隙压力下 3#试样渗透率随温度变化的曲线

$3^{\#}$油页岩试样随温度的变化呈如下规律：

(1) 常温和 100 ℃下油页岩不具有渗透性。

(2) 当温度升高到 200 ℃时,油页岩试样开始渗透;温度从 200 ℃升高到 300 ℃时,渗透率呈增大的趋势,增幅较小;当温度继续升高达到 350 ℃时,渗透率降低为 0;从 350 ℃到 400 ℃温度段,渗透率呈增大趋势;和 400 ℃相比较,450 ℃时的渗透率再次降低;随着温度的继续升高,油页岩试样的渗透率又开始增大。在 450 ℃到 500 ℃温度段,渗透率的增幅较小;在 500 ℃到 600 ℃温度段,增长速度增大,增幅也较高。

4.3.2.4　讨论

从前面的章节中的研究可知,在温度作用后,油页岩会变成孔隙和裂隙双重发育的多孔介质材料。温度对油页岩渗透率的影响主要表现为两个方面:一方面为油页岩试样的物理特性会发生变化;另一方面在不同温度作用下,油页岩样会发生热解反应。因此,在不同温度作用下,油页岩的渗透率的变化也较为复杂。

(1) 常温下和 100 ℃时,3 个油页岩试样均不具有渗透性。这主要是由于油页岩是一种沉积岩,矿物质的成分主要为高岭石、石英、水云母等黏土矿物,油页岩试样原始状态比较致密,孔隙不发育;当温度升高到 100 ℃时,油页岩试样中的表面水和部分吸附水脱出及部分矿物质,如伊利石分解脱水,这个阶段的反应对油页岩的结构影响较小。

(2) 当温度升高到 200 ℃时,3 个油页岩试样开始具有渗透性,但渗透率较低;200 ℃到 300 ℃温度段,3 个油页岩试样渗透率增大,增幅较小。在 100 ℃升高到 300 ℃的过程中,随着温度的升高,一方面油页岩试样产生膨胀变形,内部颗粒间产生的热应力作用导致在岩石内部产生孔隙或裂隙;另一方面油页岩内试样内部的吸附水继续气化脱出,吸附水的气化会产生一定的压力,从而使油页岩试样产生孔裂隙,但同时由于受围压的束缚影响,在 100 ℃到 200 ℃过程中,部分孔裂隙不能顺利扩展,所以在 200 ℃油页岩试样开始具有渗透性,但是渗透率较低;在 200 ℃到 300 ℃升温过程中,黏土矿物层间水的不断脱出产生蒸汽压,增加了渗透通道,渗透率增大。3 个试样中,$2^{\#}$试样的增长幅度最大。

(3) 当温度升高到 350 ℃时,3 个油页岩试样的渗透性出现了减小的趋势,$1^{\#}$和 $3^{\#}$试样在 350 ℃时不具有渗透性,$2^{\#}$试样的渗透率也较低。这是由于,在 300 ℃到 350 ℃温度范围内,油页岩试样内的有机质开始软化生成沥青和少量的页岩油和热解气体,沥青和焦油堵塞了油页岩试样的渗透通道。在 350 ℃到 450 ℃温度范围内,3 个油页岩试样呈现了不同的变化规律,这主要是由于,随着温度的升高,① 油页岩中的有机质继续热解产生沥青、页岩油和热解气体,在这个阶段沥青的形成速度高于页岩油的形成速度[175];② 油页岩中的矿物质开始分解脱水,如伊利石已大量分解,高岭石在这个温度段部分分解;③ 油页岩中的黏土矿物质对沥青有极强的吸附能力,对有机质的热解有显著的阻滞作用[176],在这三个方面的共同影响下,3 个油页岩试样的渗透率呈现出不一致,但在 450 ℃时的渗透率与 350 ℃时的相比,总体呈现增大趋势。

(4) 450 ℃到 600 ℃温度范围内,油页岩中的沥青开始分解形成页岩油和热解气体,大部分矿物质完成了分解脱水反应,热解气体和水蒸气在释放的过程中,产生扩张压力,使渗透通道不断形成及连通,并在孔隙压力的作用下,越来越多的页岩油被携带,从孔隙、裂隙中迅速释放出来,使渗流通道立刻变得非常畅通,使得渗透率随温度的增加,呈现迅速上升的趋势。

综上所述,在原位状态油页岩的高温渗透试验过程中,油页岩内部发生了一系列物理和化学反应,从而改变了油页岩样的物理结构和化学特征。在不同温度作用下,油页岩同其他的岩石(如砂岩、石灰岩、花岗岩等)一样,内部矿物颗粒会发生膨胀变形,同时由于各种颗粒热膨胀系数存在的差异性而使得在膨胀变形时在岩石内部产生热应力,热应力作用导致在岩石内部产生孔隙或裂隙,使得岩石的渗透性发生巨大的变化,因此,对于砂岩、石灰岩、花岗岩等岩石,温度使其产生的热破裂是造成该类岩石渗透率发生变化的主要因素。而油页岩不同于上述岩石,其内部含有大量的有机质和黏土矿物,在低温段,黏土矿物的膨胀变形产生裂隙、孔隙通道,造成油页岩渗透性发生改变;在高温段,有机质受热首先软化生成沥青,然后沥青再热解生成页岩油和页岩气,一方面沥青和页岩油会堵塞油页岩试样的渗透通道,另一方面黏土矿物质对沥青有吸附作用,同时对渗透通道产生影响,随着温度的继续升高,大量聚集的热解气体和矿物释放的水蒸气能携带页岩油从孔隙、裂隙中渗透出来,使堵塞的渗流通道立刻变得非常畅通,从而不断改变着油页岩的渗透特性。因此,由于有机质热解机理的复杂性,与其他岩石相比,油页岩渗透性在高温下的变化显得更加复杂。

4.3.3　渗透率随孔隙压力变化的规律

4.3.3.1　渗透率随孔隙压力变化的规律

油页岩试样的渗透性是在一定压差作用下使得气体通过的特性,所测的渗透率受到流体压力,即孔隙压力的影响。

表 4-4 为不同温度下 3 个油页岩试样的平均渗透率,图 4-7 为不同温度下油页岩试样渗透率随温度变化的曲线。从图中可以看出,在不同温度条件下,油页岩试样的渗透率随孔隙压力的增大呈降低趋势,且在 1～1.5 MPa 区间内,油页岩渗透率下降较为迅速;在 350 ℃时,渗透率随孔隙压力的增大,呈先减小后增大的趋势。

表 4-4 不同温度下 3 个油页岩试样的平均渗透率

温度/℃	渗透率/$10^{-5}\ \mu m^2$				
	1 MPa	1.5 MPa	2 MPa	2.5 MPa	3 MPa
200	0.148 9	0.116 0	0.099 0	0.077 8	0.059 4
300	6.517 8	5.471 1	4.953 6	4.914 6	4.572 5
350	0.658 8	0.357 6	0.256 7	0.413 2	0.431 9
400	11.100 4	6.389 1	5.309 7	3.854 6	2.839 3
450	15.523 4	8.373 5	6.051 7	5.317 1	5.668 0
500	54.009 3	41.935 1	39.460 3	35.951 9	34.807 7
550	78.570 6	64.325 2	61.414 2	55.817 4	50.128 7
600	96.668 3	72.517 9	67.945 0	63.552 2	56.815 5

产生上述渗透规律有两方面的原因,第一个原因是,从第 3 章中可知,抚顺油页岩内部墨水瓶孔的含量较高,利用气测渗透性的过程中,当气体通过试样时,油页岩试样中的墨水瓶孔充当了气体的存储空间,而不具有渗透能力,和压汞原理一致,在低孔隙压力条件下,气体进入墨水瓶孔的体积较小,随着孔隙压力的增大,进入这部分孔隙中的气体体积增大,通过试样的气体体积相对减少;气体进入油页岩试样内部的墨水瓶时,使得孔隙产生膨胀变形,由试样受轴压和围压的限制,气体产生的膨胀变形向内部发展挤压渗透性孔隙,使渗透通道被压缩减少,所以渗透率降低。另一个原因是,气体有很强的吸附性,随着孔隙压力的增大,吸附在油页岩孔隙表面的气体分子厚度增加,使渗透性通道减小。

4.3.3.2 渗透率随孔隙压力的变化率

由孔隙压力影响的油页岩试样渗透率的变化百分数为:

$$M_p = \frac{K_0 - K_n}{K_0(p_n - p_0)} \times 100\% \qquad (4\text{-}4)$$

式中,M_p 为孔隙压力不断增大过程中所产生的渗透率变化率;K_0 为各个温度下孔隙压力为 1 MPa 时的渗透率;K_n 为不断增大孔隙压力时的渗透率;p_0 为 1 MPa;p_n 为不断增大的孔隙压力值。M_p 反映了渗透率随孔隙压力的变化趋势,即渗透率随孔隙压力变化的敏感程度,M_p 值越大,渗透率随孔隙压力的变化越敏感,变化越大。

表 4-5 为渗透率随孔隙压力变化率的计算值,图 4-8 为不同温度下渗透率随孔隙压力变化率的分布曲线。从表 4-5 和图 4-8 中可以看出,在 200 ℃ 到 600 ℃ 范围内,值均为正值,渗透率在逐渐减小,各个温度下的渗透率随孔隙压力的变化敏感程度各不相同。在 200 ℃,随着孔隙压力的增大,渗透率变化率先

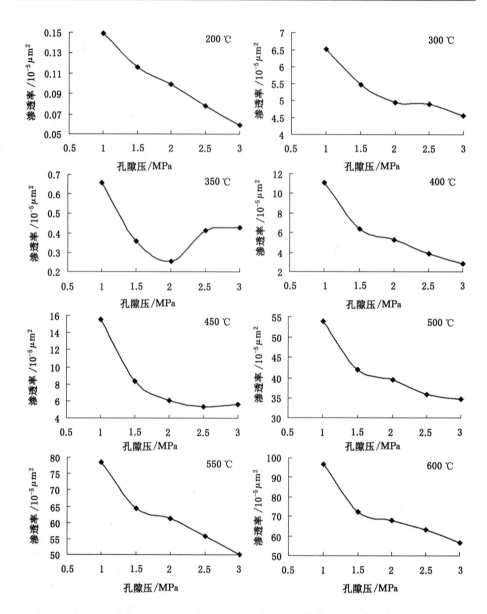

图 4-7 不同温度下油页岩试样渗透率随孔隙压力变化的曲线

降低后基本趋于平衡,说明当孔隙压力增大 1 MPa 时,孔隙内部储存和表面吸附的气体趋于平衡,再次增大孔隙压力时对渗透率的影响较小;在 300 ℃温度条件下,随着孔隙压力的增大,渗透率变化率也较为平缓;在 350~450 ℃温度范围内,随着孔隙压力的增大,渗透率变化率降低的幅度较大,350 ℃降低的幅度最大,这是因为在这个温度段,油页岩内部的反应最为复杂,孔隙结构也较复杂,所以孔隙压力对渗透率的变化率影响大,在 450 ℃,孔隙压力增大 0.5 MPa 时,渗透率变化率出现最大值为 92.12%;在 500~600 ℃温度范围内,渗透率变化率随孔隙压力的增大降低幅度逐渐减缓,受孔隙压力的影响越来越小。

表 4-5　不同温度下渗透率随孔隙压力的变化率　　　　单位:%

温度/℃	0.5 MPa	1 MPa	1.5 MPa	2 MPa
200	44.20	33.51	31.83	30.06
300	32.12	24.00	16.40	14.93
350	91.44	61.04	24.85	17.22
400	84.88	52.17	43.52	37.21
450	92.12	61.02	43.83	31.75
500	44.72	26.94	22.29	17.78
550	36.26	21.84	19.31	18.10
600	49.96	29.71	22.84	20.62

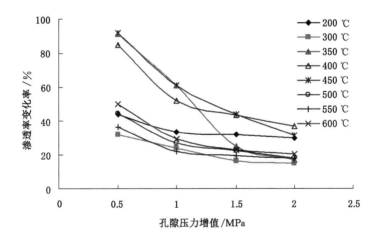

图 4-8　不同温度下渗透率随孔隙压力的变化率

4.4　三维应力作用下油页岩随温度的变形特征

4.4.1　1# 油页岩试样在升温过程中的变形特征

图 4-9 为 1# 油页岩试样在不同温度段轴向应变随时间和温度变化的曲线,

最高温度为 500 ℃,本次变形中,膨胀为正,压缩为负。从图 4-9 中可以看出,油页岩试样的变形可以分为两个阶段:第一阶段为热膨胀阶段,第二阶段为压缩变形阶段。

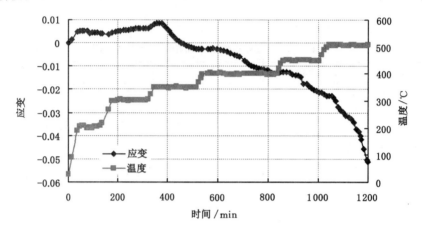

图 4-9　不同温度段 1# 油页岩样应变随时间变化的曲线

(三维应力:$\sigma_1 = 5$ MPa,$\sigma_2 = \sigma_3 = 6$ MPa)

(1)热膨胀变形阶段

从开始升温到 400 min 时,温度为 350 ℃时,油页岩试样呈膨胀变形,应变最大值为 0.008 7。在常温到 100～200 ℃温度范围内,热膨胀变形速度最快,在 200～300 ℃,热膨胀变形趋于平缓。

(2)压缩变形阶段

从图 4-9 中可以明显地看出,在 350 ℃的保温过程中,油页岩试样开始出现压缩变形。在 350 ℃到 400 ℃温度范围内,压缩变形量呈直线型增大;在 400 ℃到 500 ℃温度范围内,压缩变形速度持续增加。

4.4.2　2# 油页岩试样在升温过程中的变形特征

图 4-10 为 2# 油页岩试样轴向应变随时间和温度变化的曲线。从图 4-10 中可以看出,油页岩试样的变形可以分为三个阶段:第一阶段为热膨胀阶段,第二个阶段为变形稳定阶段,第三个阶段为压缩变形阶段。

(1)热膨胀变形阶段

从开始升温到 200 ℃时,油页岩试样呈膨胀变形,应变最大值为 0.004 3。在常温到 100 ℃温度范围内,热膨胀变形速度平缓,在 100～200 ℃,热膨胀变形速度增大。

(2)变形稳定阶段

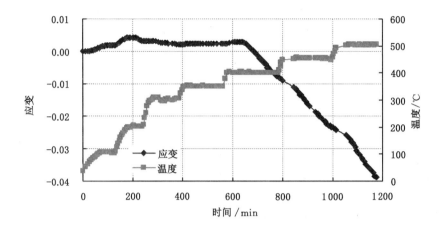

图 4-10　不同温度段 2# 油页岩样应变随时间变化的曲线
（三维应力：$\sigma_1 = 5$ MPa，$\sigma_2 = \sigma_3 = 6$ MPa）

从 200 ℃ 到 350 ℃ 温度范围内，油页岩试样变形量较小，整体趋于比较稳定的状态。

（3）压缩变形阶段

在温度高于 350 ℃ 之后，随温度的升高油页岩试样略微膨胀后开始出现压缩变形，压缩变形速率较大，压缩变形呈直线状增大。

4.4.3　讨论

从两个油页岩试样的变形可以总结得到，温度对油页岩内部的结构影响是极大的，随着温度的升高，油页岩内部结构发生了剧烈的变化。根据两个油页岩试样的变形特征总结油页岩的变形特征如下：

（1）从常温到 200 ℃，油页岩呈膨胀变形，200 ℃ 时，1# 试样的应变为 0.005 2，2# 试样的应变为 0.004 3，1# 试样在这个温度段的变形大于 2# 试样。在 200 ℃ 保温过程中，2 个试样同时表现出较小的压缩变形。出现上述规律的主要原因是：由于组成油页岩的矿物颗粒热膨胀系数不同，在受热条件下，组成油页岩的颗粒便会发生变形，导致油页岩试样发生膨胀变形。而在温度升高到 200 ℃ 保温阶段，油页岩试样中的表面水和部分吸附水脱出及部分矿物质中的水分解不断脱出，在油页岩试样内部形成了孔隙空间，所以在保温阶段出现压缩变形。

（2）在 200～350 ℃ 为油页岩的变形稳定阶段。在 200～300 ℃ 温度段，油页岩中的黏土矿物层间水开始脱出，但脱出的量较少，对油页岩试样结构影响较小。在 300～350 ℃ 温度段，油页岩试样内的有机质开始软化生成沥青和少量的页岩油和热解气体,有机质软化生成沥青,在体积上出现了增大,而热解气体的产出又使得油页岩试样体积减小,这两种反应共同影响油页岩的变形,所以 2 个试样在这个温度段表现出不同,在 350 ℃前为沥青的主要生成段。

(3) 在温度高于 350 ℃之后,随温度的升高油页岩开始出现大幅度的压缩变形。在从 400 ℃到 500 ℃热解完毕,1$^#$试样的应变为 0.049,2$^#$试样的应变为 0.041。在各个温度段升温的过程中,1$^#$试样的应变量小于 2$^#$试样。在 400 ℃、450 ℃和 500 ℃的保温阶段,1$^#$试样的应变分别为 0.01、0.008、0.03,2$^#$试样的应变分别为 0.01、0.012、0.013。两个试样在温度升高到 500 ℃时的保温热解阶段,应变量相差较多。这是由于在温度高于 400 ℃后,油页岩中的有机质不断生成页岩油和热解气体,并且油页岩中的大部分矿物质开始分解脱水,油页岩内部结构发生了剧烈的变化,出现压缩变形。数据说明:在高温作用下,油页岩不断热解的过程中,油页岩的塑形特征逐渐增强,并且 2$^#$试样在 500 ℃时,热解程度高。

4.5　本章小结

岩石渗透性与岩石内部结构紧密相关,孔隙网络越发育,连通性越好,岩石的渗透性能越高。本章利用太原理工大学自主研制的高温三轴渗透试验台,对油页岩试样进行原位应力状态下的高温热解渗透试验,得到的主要结论如下:

(1) 在高温及三维应力作用下,随着温度的升高,油页岩的渗透性具有以下特点:常温下和 100 ℃时,油页岩试样不具有渗透性;当温度升高到 200 ℃时,3 个油页岩试样开始具有渗透性,但渗透率较低;200 ℃到 300 ℃温度段,3 个油页岩试样渗透率增大,增幅较小;当温度升高到 350 ℃时,3 个油页岩试样的渗透性出现了减小的趋势,1$^#$和 3$^#$试样在 350 ℃时不具有渗透性,2$^#$试样的渗透率也较低;在 350 ℃到 600 ℃温度范围内,有机质受热首先软化生成沥青,然后沥青再热解生成页岩油和页岩气,一方面沥青和页岩油会堵塞油页岩试样的渗透通道,另一方面黏土矿物质对沥青有吸附作用,同时对渗透通道产生影响,随着温度的继续升高,大量聚集的热解气体和矿物释放的水蒸气能携带页岩油从孔隙、裂隙中渗透出来,使堵塞的渗流通道立刻变得非常畅通,从而不断改变着油页岩的渗透特性,3 个油页岩试样渗透率呈现增大的趋势。

(2) 在不同温度条件下,油页岩试样的渗透率随孔隙压力的增大呈降低趋势,且在各个温度下的渗透率随孔隙压力变化的敏感程度各不相同。在200 ℃,随着孔隙压力的增大,渗透率变化率先降低后基本趋于平衡;在 300 ℃温度条件下,随着孔隙压力的增大,渗透率变化率也较为平缓;在 350～450 ℃温度范围内,随着孔隙压力的增大,渗透率变化率降低的幅度较大;在 450 ℃,孔隙压力增大 0.5 MPa 时,渗透率变化率出现最大值为 92.12%;在 500～600 ℃温度范围内,渗透率变化率随孔隙压力的增大降低幅度逐渐减缓,受孔隙压力的影响越来越小。

(3) 在三维应力状态下,油页岩随温度的变形特征如下:从常温到 200 ℃,油页岩呈膨胀变形;200～350 ℃为油页岩的变形稳定阶段;在温度高于 350 ℃之后,由于油页岩中的有机质不断生成页岩油和热解气体,并且油页岩中的大部分矿物质开始分解脱水,油页岩内部结构发生了剧烈的变化,随温度的升高油页岩开始出现大幅度的压缩变形。数据说明:在高温作用下,油页岩不断热解的过程中,油页岩的塑形特征逐渐增强。

5 温度对油页岩力学特性影响的试验研究

5.1 引　　言

　　温度对岩石力学特性的影响较大,在原位注热开发油页岩过程中,油页岩在不同温度作用下会热解变形,油页岩矿层的变形会对地表环境产生一定的影响,如果要对原位注热开发油页岩矿层过程中地层的变化进行预测,就必须知道油页岩在受热之后力学特性参数,如弹性模量和泊松比的变化规律。目前,国内外关于温度对油页岩力学特性影响的研究较少,而关于温度对其他岩石力学特性影响的研究较多。马占国等[177]对不同温度作用后的煤样进行了单轴压缩试验,对温度对煤的抗压强度和弹性模量的影响进行了分析研究。结果表明:随着温度的升高,25～300 ℃之间,煤的强度和弹性模量呈现先减小后增加再减小的趋势,应变呈先增加后减小再增加的趋势。朱合华等[178]对三种岩浆岩经过高温处理后的力学性质进行了研究。结果表明:三种岩石的峰值强度以及弹性模量均随着温度的升高而逐渐降低。梁卫国等[179]对20～240 ℃的盐岩试样的力学特性进行了研究。结果表明:盐岩的单轴抗压强度及轴向应变随着温度的升高均在不断增大,而弹性模量却在降低。万志军等[180]对花岗岩试样在高温三轴应力下的力学参数随温度的变化特征进行了研究。结果表明:花岗岩体在高温下的破坏形式与常温下未经温度作用时的破坏形式相同,是典型的剪切破坏形式;在高温和高围压的条件下,花岗岩体出现了明显的延性转化;在有围压条件下,花岗岩体的弹性模量随温度升高先是缓慢减小,然后快速减小,超过400 ℃后基本保持不变。

　　本章通过对经历不同温度阶段热解的油页岩岩样进行单轴压缩试验,研究温度对油页岩弹性模量、泊松比的影响规律。通过对各种温度下油页岩变形的测量,建立油页岩弹性模量以及泊松比与温度之间的数学关系。

5.2　试验概况

5.2.1　试验系统

试验系统为自制的小型单轴加载系统,如图 5-1 所示。主要有油缸(ϕ40 mm)、数显压力表(0~25 MPa,精确度为 0.001 MPa)和手动泵组成,轴向最大荷载为 7 000 N,加载棒直径为 10 mm(即作用于加载棒上的压强约为油缸压强的 16 倍),由下向上加载,两立柱采用高强度的钛合金制成,保证加载系统有足够的强度。

图 5-1　单轴加载系统

5.2.2　试验样品

试验所用样品取自抚顺西露天矿。在前面的章节中已得出,抚顺西露天矿的油页岩样品受热后会产生大量的孔裂隙,尤其是在高温段。本次所用高温段(300~600 ℃)的样品是在高温及三维应力作用下已进行渗透试验的样品上钻取得到的,低温段(20~200 ℃)的油页岩是在一个无明显裂隙的块样上顺层钻取得到的,钻出样品的直径约为 7.5 mm,钻出后将样品的两端进行切割打磨,要求两端面的不平行度小于 0.01 mm,切割打磨完的高度要求在 15 mm 左右。切割打磨完成后,100 ℃和 200 ℃的样品用铝箔纸包裹在马弗炉内以进行加温热解。每个温度下的试验样品共 A、B、C 三组。

5.2.3　试验方法

利用有效像素 800 万的 Canon IXUS 55 数码相机对不同温度作用下的油页岩样品单轴压缩试验过程的变化进行拍摄记录。在试验过程中,每加载一次便拍摄一次。图 5-2 和图 5-3 为一样品加载前和加载破坏后的图片。将拍摄好的照片存储后，用 Matlab 编制的程序将其打开，经过灰度图像变换后，拾取钛合金立柱的内边界和油页岩样品的边界，并计算钛合金的宽度和油页岩样品的宽度和高度，这样便可获得每个荷载作用下的油页岩样品的宽度和高度，从而可计算绘制不同温度作用下的油页岩样品的应力-应变曲线。

图 5-2　试验前　　　　　　　　　　　　　图 5-3　试验后

5.3　试验结果及分析

本次试验结果分析中不对尺度效应进行讨论，只讨论相同尺寸下的油页岩试样的力学参数随温度的变化。

5.3.1　不同温度作用下油页岩样品的强度特征

根据油页岩样品的单轴压缩试验结果，根据数显压力表显示的油缸压强，经过换算得到作用在油页岩样品上的压强，油页岩样品所承受的极限强度为油页岩样品的单轴抗压强度。表 5-1 为不同温度下油页岩样品的单轴抗压强度值。

表 5-1　不同温度作用下油页岩样品的单轴抗压强度值

温度/℃	试件编号	抗压强度/MPa	平均抗压强度/MPa
20	A_1	80.69	76.84
	B_1	75.33	
	C_1	74.49	
100	A_2	52.31	55.64
	B_2	56.49	
	C_2	58.12	

表 5-1(续)

温度/℃	试件编号	抗压强度/MPa	平均抗压强度/MPa
200	A_3	50.07	49.60
	B_3	53.46	
	C_3	45.28	
300	A_4	32.67	34.28
	B_4	37.67	
	C_4	32.49	
400	A_5	27.84	29.10
	B_5	28.52	
	C_5	30.94	
500	A_6	20.85	21.34
	B_6	22.33	
	C_6	20.85	
600	A_7	19.15	20.21
	B_7	19.15	
	C_7	22.34	

图 5-4 为油页岩样品抗压强度随温度变化的关系。由图 5-4 可以看出,在不同温度作用后,油页岩样品的抗压强度随温度的升高呈降低的趋势,从常温下的76.84 MPa下降至 600 ℃时的 20.21 MPa,与 20 ℃时的油页岩的抗压强度相比,经过 100~600 ℃温度作用后,油页岩的强度降幅分别为 28%、35%、55%、62%、72%和74%。随温度的升高,油页岩的抗压强度的降低幅度是不同的,从常温到100 ℃,油页岩单轴抗压强度的降幅为 0.21 MPa/℃;从 100 ℃到200 ℃,降幅为0.06 MPa/℃;从200 ℃到 300 ℃,降幅为 0.15 MPa/℃;从 300 ℃到 400 ℃,降幅为0.05 MPa/℃;从 400 ℃到 500 ℃,降幅为 0.08 MPa/℃;从 500 ℃到 600 ℃,降幅为 0.01 MPa/℃。常温到 100 ℃的升温过程中,油页岩单轴抗压强度的降幅最大;而 500 ℃到 600 ℃的升温过程中,油页岩单轴抗压强度的降幅则最小,其原因为:温度从常温升高到 100 ℃时,油页岩内部以吸附水分的析出为主,这种水分在受热生成水蒸气逸出的同时,由于体积膨胀,会在油页岩的层理处及黏土矿物的胶结处产生压力,致使油页岩内部崩碎,所以油页岩的强度也随之降低,;温度高于 100 ℃继续升温到 300 ℃的过程中,一方面油页岩内部颗粒间产生的热应力作用导致在岩石内部产生孔隙或裂隙,致使油页岩结构破坏,另一方面油页岩内部黏土矿物层间水的不断脱出产生蒸汽压,增加了孔裂隙空间,

宏观上表现为油页岩样品单轴抗压强度的劣化；从 300 ℃ 到 600 ℃ 温度段的升温过程中,油页岩中的有机质和矿物质开始发生热解反应,产生热解气体和水蒸气在释放的过程中,产生扩张压力,使油页岩内部孔裂隙不断增多并相互连通形成裂隙网络,导致油页岩样品单轴抗压强度降低。

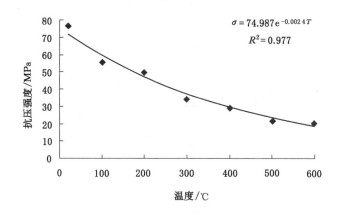

图 5-4　油页岩抗压强度与温度的关系

由不同温度下平均单轴抗压强度试验数据拟合得到油页岩的单轴抗压强度和温度呈指数关系,拟合关系为:

$$\sigma = 74.987\mathrm{e}^{-0.002\,4T} \tag{5-1}$$

式中,σ 为单轴抗压强度,T 为温度,相关系数为 0.977。

5.3.2　不同温度作用下油页岩样品的应力-应变曲线

对照片处理后可获得每个应力作用下油页岩样品的高度和宽度,计算可得油页岩样在不同应力作用下的轴向应变 ε_1 和侧向应变 ε_2,体积应变 $\varepsilon = \varepsilon_1 + 2\varepsilon_2$。本次试验所得到的为峰值应力前的应力-应变关系曲线,图 5-5～图 5-11 为不同温度下油页岩样品的单轴压缩应力-应变曲线。

图 5-5 为常温状态下油页岩样品的单轴压缩应力-应变曲线。从图 5-5 中可以看出,三个油页岩样品的应力-应变曲线经历了 3 个阶段,分别为压密阶段、弹性变形阶段和塑性变形阶段。其中:A_1 样品的压密阶段较为明显,样品的端头开始压密,B_1 和 C_1 样品此阶段不明显,说明在原始状态下,A_1 样品内部存在有微裂隙。三个油页岩样品的弹性变形阶段较为明显,轴向应力与轴向应变基本呈线性关系;在塑性变形阶段,压力增值较小时,应变量却很大,如 B_1 和 C_1 样品在应力高于 70 MPa 后所呈现的塑性变形。在整个变形过程中,三个样品的侧向应变随应力的增大呈直线增加,而体积应变随应力增大呈不规律变化,A_1 样品的体积先膨胀后压缩,B_1 样品的体积在整个加载过程中变化较小,C_1 样品的

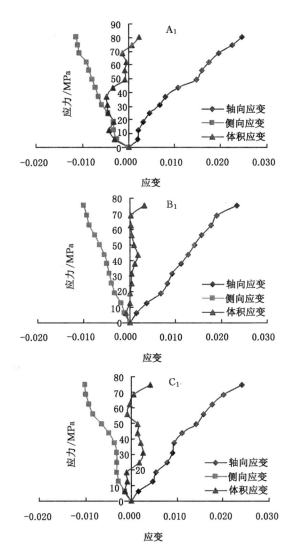

图 5-5 20 ℃温度下油页岩样品的单轴压缩应力-应变曲线

体积呈膨胀压缩交替变化。A_1 样品的轴向最终应变、侧向最终应变和体积最终应变分别为 0.024 6、−0.011 3 和 0.001 9；B_1 样品的轴向最终应变、侧向最终应变和体积最终应变分别为 0.023 4、−0.010 1 和 0.003 2；C_1 样品的轴向最终应变、侧向最终应变和体积最终应变分别为 0.024 1、−0.010 1 和 0.004 2。

图 5-6 为 100 ℃温度作用后油页岩样品的单轴压缩应力-应变曲线。从图 5-6 中可以看出：A_2 样品轴向应变经历了压密阶段、弹性变形阶段和塑性变形

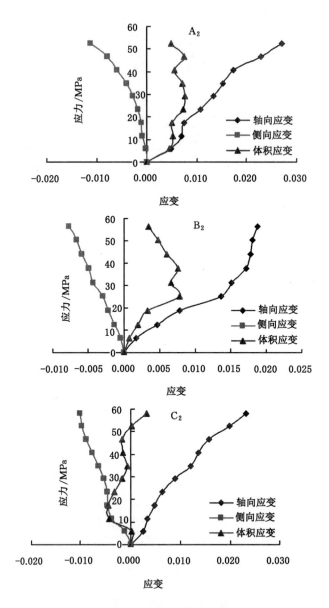

图 5-6　100 ℃温度下油页岩样品的单轴压缩应力-应变曲线

阶段,侧向应变随应力的增大应变率逐渐增大,在整个变形过程中,体积在应力增大过程中处于压缩变形状态。B_2 样品轴向应变率随应力的增大呈先增大后减小的趋势,侧向应变与应力呈直线增大,在整个变形过程中,体积在应力增大过程中处于压缩变形状态。C_2 样品轴向应变同样经历了压密阶段、弹性变形阶段和塑性变形三个阶段,侧向应变与应力呈直线增大,体积在应力增大过程中呈先膨胀后压缩的变形状态。A_2 样品的轴向最终应变、侧向最终应变和体积最终应变分别为 0.026 7、−0.011 1 和 0.004 8;B_2 样品的轴向最终应变、侧向最终应变和体积最终应变分别为 0.018 7、−0.007 7 和 0.003 4;C_2 样品的轴向最终应变、侧向最终应变和体积最终应变分别为 0.023 3、−0.010 1 和 0.003 1。A_2 样品的变形量最大,B_2 样品的变形量最小。

图 5-7 为 200 ℃温度作用后油页岩样品的单轴压缩应力-应变曲线。从图 5-7 中可以看出,三个样品的轴向最终应变、侧向最终应变和体积最终应变基本相似,A_3 样品的轴向最终应变、侧向最终应变和体积最终应变分别为 0.021 5、−0.009 3 和 0.002 8;B_3 样品的轴向最终应变、侧向最终应变和体积最终应变分别为0.019 1、−0.008 6和0.002 0;C_3 样品的轴向最终应变、侧向最终应变和体积最终应变分别为 0.019 5、−0.008 7 和 0.002 1。A_3 样品和 B_3 样品的压密阶段较为明显,原因是:这两个样品在经过 200 ℃温度作用后,由于内部水的逸出和热应力作用在其内部产生了裂隙。三个样品的侧向应变率随应力的增大呈增大的趋势,尤其在进入塑性变形阶段后,侧向变形更为明显。三个样品的体积变形均呈现膨胀与压缩交替变化,这是由于轴向应变率与侧向应变率的不断变化所造成的。

图 5-8 为 300 ℃温度作用后油页岩样品的单轴压缩应力-应变曲线。从图 5-8 中可以看出,三个样品的轴向最终应变、侧向最终应变相差较大,A_4 样品的轴向最终应变、侧向最终应变和体积最终应变分别为 0.025 6、−0.009 6 和 0.006 4;B_4 样品的轴向最终应变、侧向最终应变和体积最终应变分别为 0.020 9、−0.008 1 和0.004 7;C_4 样品的轴向最终应变、侧向最终应变和体积最终应变分别为0.016 1、−0.005 1 和 0.005 9。说明经过 300 ℃温度作用后,A_4 样品随应力的增大呈增大的趋势,尤其在进入塑性变形阶段后,侧向变形更为明显。三个样品的体积变形均呈现膨胀与压缩交替变化,这是由于轴向应变率与侧向应变率的不断变化所造成的。样品受温度的劣化程度低,表现为轴向最终应变、侧向最终应变值大。随应力的增大,三个样品的轴向应变曲线、侧向应变曲线和体积应变曲线呈现出相似的变化趋势。

图 5-9 到图 5-11 分别为 400 ℃、500 ℃和 600 ℃温度作用后油页岩样品的单轴压缩应力-应变曲线。从图中可以看出,400 ℃和 500 ℃作用后油页岩样品的单轴压缩应力-应变曲线具有相同的规律,轴向应变和侧向应变随应力的增大基本呈直线状增大,而 600 ℃的轴向应变则表现出不一样的规律,轴向应变的弹性阶段不明显,侧向应变先增大后变化较小。在这三个温度作用后,每组的三个样品的轴向最终应变、侧向最终应变和体积最终应变基本相似,400 ℃作用后油页岩样品的平均轴向最终应变、侧向最终应变和体积最终应变分别为 0.019 6、

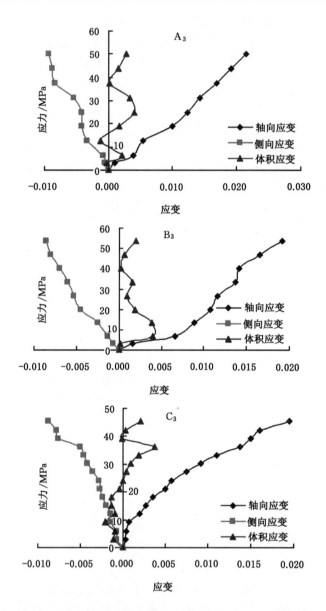

图 5-7　200 ℃温度下油页岩样品的单轴压缩应力-应变曲线

$-0.005\ 7$、$0.008\ 3$；500 ℃作用后油页岩样品的平均轴向最终应变、侧向最终应变和体积最终应变分别为 $0.017\ 7$、$-0.005\ 7$、$0.006\ 3$；600 ℃作用后油页岩样品的平均轴向最终应变、侧向最终应变和体积最终应变分别为 $0.010\ 0$、$-0.003\ 2$、$0.003\ 6$。

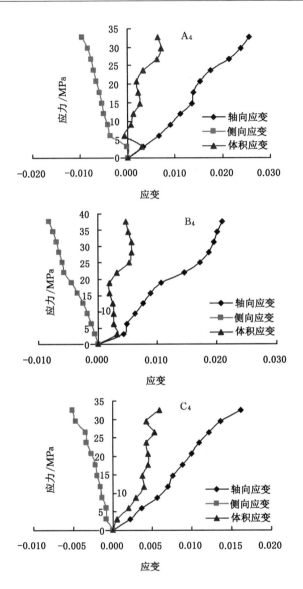

图 5-8 300 ℃温度下油页岩样品的单轴压缩应力-应变曲线

表 5-2 为不同温度作用下油页岩样品的最终应变值。图 5-12 油页岩平均最终应变与温度的关系(将侧向应变值改为正数以分析变化规律)。由图 5-12可以看出:常温～600 ℃温度作用下,油页岩样品的平均最终轴向应变和侧向应变随温度的升高总体呈下降的趋势,轴向应变从常温时的 0.024 0 降至 600 ℃时的 0.010 0,降幅达 58%;侧向应变从常温时的 0.010 5 降至 600 ℃时的 0.003 2,

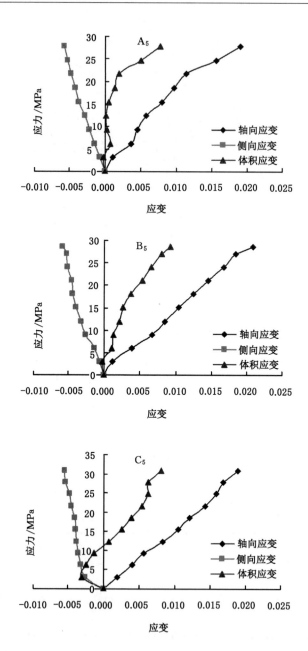

图 5-9　400 ℃温度下油页岩样品的单轴压缩应力-应变曲线

降幅达 70%；油页岩样品的平均最终体积应变随温度的升高总体呈先增大后减小的变化趋势，在 400 ℃时最大，为 0.008 3。

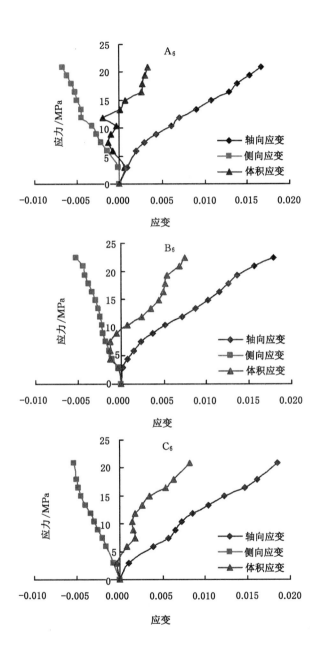

图 5-10　500 ℃温度下油页岩样品的单轴压缩应力-应变曲线

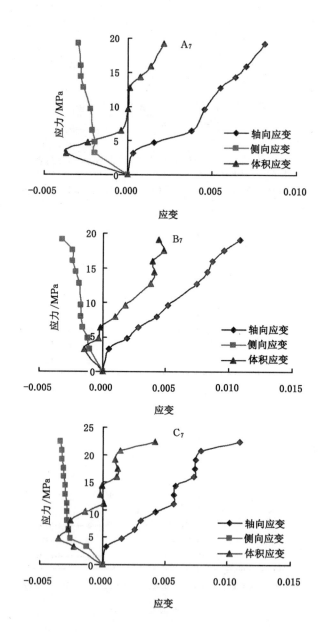

图 5-11　600 ℃温度下油页岩样品的单轴压缩应力-应变曲线

表 5-2　不同温度作用下油页岩样品的最终应变值

温度/℃	试件编号	轴向应变	侧向应变	体积应变
20	A$_1$	0.024 6	−0.011 3	0.001 9
	B$_1$	0.023 4	−0.010 1	0.003 2
	C$_1$	0.024 1	−0.010 1	0.004 2
	平均	0.024 0	−0.010 5	0.003 1
100	A$_2$	0.026 7	−0.011 1	0.004 8
	B$_2$	0.018 7	−0.007 7	0.003 4
	C$_2$	0.023 3	−0.010 1	0.003 1
	平均	0.022 9	−0.009 6	0.003 8
200	A$_3$	0.021 5	−0.009 3	0.002 8
	B$_3$	0.019 1	−0.008 6	0.002 0
	C$_3$	0.019 5	−0.008 7	0.002 1
	平均	0.020 0	−0.008 9	0.002 3
300	A$_4$	0.025 6	−0.009 6	0.006 4
	B$_4$	0.020 9	−0.008 1	0.004 7
	C$_4$	0.016 1	−0.005 1	0.005 9
	平均	0.020 9	−0.007 6	0.005 7
400	A$_5$	0.019 0	−0.005 7	0.007 6
	B$_5$	0.020 8	−0.005 8	0.009 2
	C$_5$	0.019 0	−0.005 5	0.008 0
	平均	0.019 6	−0.005 7	0.008 3
500	A$_6$	0.016 6	−0.006 7	0.003 3
	B$_6$	0.017 9	−0.005 2	0.007 5
	C$_6$	0.018 5	−0.005 3	0.008 1
	平均	0.017 7	−0.005 7	0.006 3
600	A$_7$	0.008 1	−0.003 0	0.002 1
	B$_7$	0.010 9	−0.003 2	0.004 4
	C$_7$	0.010 9	−0.003 4	0.004 2
	平均	0.010 0	−0.003 2	0.003 6

　　产生上述现象的原因是:油页岩在不同温度作用下,每个温度阶段均有反应进行,而随着温度的增大,热解反应的进行,油页岩内部孔裂隙不断形成并相互

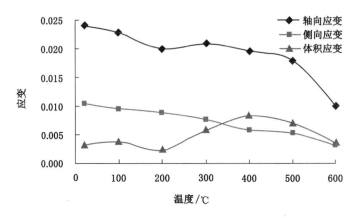

图 5-12　油页岩应变与温度的关系

连通,表现为油页岩内部孔隙率的不断增大,油页岩样延性减弱而脆性增强,在荷载的不断作用下,高温作用后的油页岩样品很快达到屈服极限,形成脆性破坏。并且经历高温作用后的油页岩样失去了大量的水分,在冷却后刚性增加,从而导致在高温作用后,油页岩样品产生的变形减小。

5.3.3　不同温度作用下油页岩样品的弹性模量变化特征

　　岩石的弹性模量表征了岩石材料介质抵抗变形的能力,本次油页岩样品的弹性模量为割线弹性模量,为轴向应力-应变曲线的直线拟合斜率。

　　表 5-3 为不同温度作用下油页岩样品的弹性模量值,图 5-13 为常温到 600 ℃温度作用下油页岩样品的平均弹性模量与温度的变化关系。从图 5-7 中可以看出,常温到 100 ℃温度作用下,油页岩样品的平均弹性模量随温度的升高呈降低的趋势;100 到 200 ℃温度作用下,油页岩样品的平均弹性模量随温度的升高呈略微增大的趋势;200 到 500 ℃温度作用下,油页岩样品的平均弹性模量随温度的升高呈持续下降的趋势,在 500 ℃时达到最小值,为 1 105 MPa,与常温状态的油页岩样品弹性模量相比,降幅为 66%;500 到 600 ℃温度作用下,油页岩样品的平均弹性模量随温度的升高呈现上升的趋势,与 500 ℃温度作用下的油页岩样品弹性模量相比,升高了 72%。

表 5-3　不同温度作用下油页岩样品的弹性模量值

温度/℃	试件编号	弹性模量/MPa	平均弹性模量/MPa
20	A_1	3 120	3 289
	B_1	3 454	
	C_1	3 294	

表 5-3(续)

温度/℃	试件编号	弹性模量/MPa	平均弹性模量/MPa
100	A_2	2 078	2 369
	B_2	2 500	
	C_2	2 529	
200	A_3	2 290	2 443
	B_3	2 842	
	C_3	2 198	
300	A_4	1 335	1 749
	B_4	1 701	
	C_4	2 210	
400	A_5	1 493	1 496
	B_5	1 389	
	C_5	1 606	
500	A_6	1 139	1 105
	B_6	1 125	
	C_6	1 050	
600	A_7	2 045	1 899
	B_7	1 644	
	C_7	2 008	

在常温到 500 ℃温度作用下,油页岩样品的平均弹性模量随温度的升高基本呈现降低的趋势,说明经过温度作用后,油页岩样品抵抗变形的能力越来越差,这是由于在不同温度作用下,油页岩内部发生了一系列的物理化学变化,使得油页岩内部结构发生了弱化;而在 500 ℃到 600 ℃的升温过程中,油页岩样品的平均弹性模量随温度的升高又呈现上升的趋势,可能由于在这个温度段,固定碳的热解作用所致。

由常温到 600 ℃平均弹性试验数据拟合得到油页岩的弹性模量和温度呈对数规律衰减,拟合关系为:

$$E = -544.38 \ln T + 4\,943.5 \tag{5-2}$$

式中,E 为弹性模量,T 为温度,相关系数为 0.808 7。

5.3.4　不同温度作用下油页岩样品的泊松比变化特征

本次油页岩样品的泊松比为应力-应变图中,轴向应变的直线拟合斜率与侧向应变直线拟合斜率的比值。

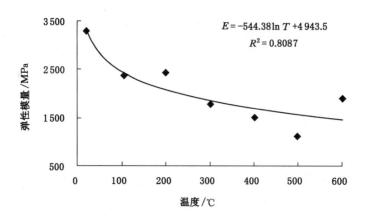

图 5-13　油页岩样品弹性模量与温度的关系

　　表 5-4 为不同温度作用下油页岩样品的泊松比值,图 5-14 为常温到 600 ℃温度作用下油页岩样品的平均泊松比与温度的变化关系。从图 5-14 中可以看出:常温到 600 ℃温度作用下,油页岩样品的平均泊松比随温度的升高基本呈降低的趋势,由常温时的 0.44 降为 600 ℃时的 0.15,降幅为 66%。这是由于:随着温度的升高油页岩内部产生了孔裂隙,使得侧向变形在单轴压缩条件下减弱。

表 5-4　不同温度作用下油页岩样品的泊松比值

温度/℃	试件编号	泊松比	平均泊松比
20	A_1	0.37	0.44
	B_1	0.48	
	C_1	0.47	
100	A_2	0.47	0.39
	B_2	0.35	
	C_2	0.34	
200	A_3	0.46	0.42
	B_3	0.47	
	C_3	0.34	
300	A_4	0.30	0.33
	B_4	0.39	
	C_4	0.30	

表 5-4(续)

温度/℃	试件编号	泊松比	平均泊松比
400	A_5	0.31	0.29
	B_5	0.29	
	C_5	0.27	
500	A_6	0.24	0.26
	B_6	0.24	
	C_6	0.28	
600	A_7	0.15	0.15
	B_7	0.20	
	C_7	0.10	

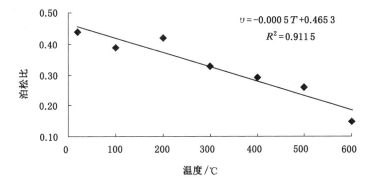

图 5-14 油页岩样品泊松比与温度的关系

由常温到 600 ℃平均弹性试验数据拟合得到油页岩的弹性模量和温度呈直线规律衰减,拟合关系为:

$$\upsilon = -0.000\,5T + 0.465\,3 \qquad (5\text{-}3)$$

式中,υ 为泊松比,T 为温度,相关系数为 0.911 5。

5.3.5 不同温度作用下油页岩样品的破坏特征

图 5-15 为不同温度作用下油页岩样品单轴压缩后的破坏的形态。岩石的破坏实质上是在受力的过程中岩石内部微裂隙从萌生到逐步连通扩展到最后连通成一条主要的裂隙,但在不同的温度作用下,油页岩样品内部的破坏情况各不相同。从图 5-15 中可以看出:油页岩样品的破坏存在一定的规律。

20 ℃时为一宏观单一的剪切破坏面;100 ℃时,油页岩样品内部出现了一条贯通两个断面的大裂隙,呈劈裂破坏,并同时伴随平行于加载方向的次生裂隙

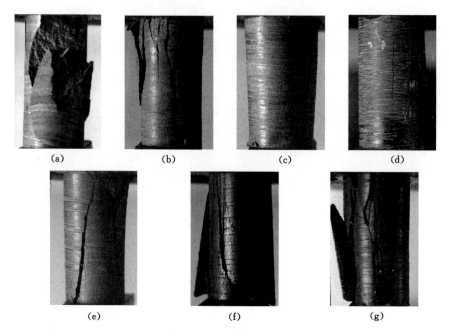

图 5-15　不同温度作用下油页岩样品单轴压缩后破坏形态
(a) 20 ℃;(b) 100 ℃;(c) 200 ℃;(d) 300 ℃;(e) 400 ℃;(f) 500 ℃;(g) 600 ℃

的产生;200 ℃和 300 ℃时,在油页岩样品的上端部出现了劈裂裂隙;400～600 ℃时,在油页岩样品内部均出现了一条贯通样品纵向的劈裂裂隙,并同时伴随平行于加载方向的次生裂隙的产生。这主要是由于,油页岩内部存在层理面,在单轴压缩时,在层理面处比较容易发生破裂,而在高温作用下,油页岩内部热解产生的油气物质在向外逸出的过程中,致使油页岩样品内部的层理面处更加易于破坏,所以在油页岩样品内部除了主劈裂面外,还伴随平行于层理面方向的大量次生裂隙的产生。

5.4　本章小结

温度对岩石力学特性的影响较大,本章通过对经历不同温度阶段的油页岩热解岩样进行单轴压缩试验,研究温度对油页岩弹性模量、泊松比的影响规律,得出如下主要结论:

(1) 在温度作用后,油页岩样品的抗压强度随温度的升高呈降低的趋势,从常温下的 76.84 MPa 下降至 600 ℃时的 20.21 MPa,与 20 ℃时的油页岩的抗压强度相比,经过 100～600 ℃温度作用后,油页岩的强度降幅分别为 28%、35%、

55％、62％、72％和74％。随温度的升高,油页岩的抗压强度的降低幅度是不同的,从常温到100 ℃,油页岩单轴抗压强度的降幅为0.21 MPa/℃;从100 ℃到200 ℃,降幅为0.06 MPa/℃;从200 ℃到300 ℃,降幅为0.15 MPa/℃;从300 ℃到400 ℃,降幅为0.05 MPa/℃;从400 ℃到500 ℃,降幅为0.08 MPa/ ℃;从500 ℃到600 ℃,降幅为0.01 MPa/℃。由不同温度下油页岩的单轴抗压强度和温度呈指数关系,拟合关系为$\sigma = 74.987e^{-0.002\,4T}$。

(2) 常温～600 ℃温度作用下,油页岩样品的平均最终轴向应变和侧向应变随温度的升高总体呈下降的趋势,轴向应变从常温时的0.024 0降至600 ℃时的0.010 0,降幅达58％;侧向应变从常温时的0.010 5降至600 ℃时的0.003 2,降幅达70％;油页岩样品的平均最终体积应变随温度的升高总体呈先增大后减小的变化趋势,在400 ℃时最大,为0.008 3。

(3) 常温到600 ℃温度作用下,油页岩样品的平均弹性模量随温度的升高基本呈降低的趋势,由常温到600 ℃平均弹性模量试验数据拟合得到油页岩的弹性模量和温度呈对数规律衰减,拟合关系为$E = -544.38\ln T + 4\,943.5$。

(4) 油页岩样品的平均泊松比随温度的升高基本呈降低的趋势,由常温时的0.44降为600 ℃时的0.15,降幅为66％。由常温到600 ℃平均泊松比试验数据拟合得到油页岩的泊松比和温度呈直线规律衰减,拟合关系为$\upsilon = -0.000\,5T + 0.465\,3$。

(5) 在不同温度作用下,油页岩样品内部的破坏情况各不相同。20 ℃时为一宏观单一的剪切破坏面;100 ℃时,油页岩样品内部出现了一条贯通两个断面的大裂隙,呈劈裂破坏,并同时伴随平行于加载方向的次生裂隙的产生;200 ℃和300 ℃时,在油页岩样品的上端部出现了劈裂裂隙;400～600 ℃时,在油页岩样品内部均出现了一条贯通样品纵向的劈裂裂隙,并同时伴随平行于加载方向的次生裂隙的产生。

6 结论与展望

6.1 主要结论

在油页岩原位注热开发过程中,在页岩油及页岩气等产物产出时,油页岩的物理结构,如孔隙、裂隙将发生巨大的变化,这种变化将直接影响到油页岩物理特性(如孔隙率、渗透率)及力学特性的改变,并直接控制着热解产生油气产物能否顺利产出。本书以油页岩原位注热开发为研究背景,利用试验研究的方法,对高温作用下油页岩的热解率随温度变化的规律、孔隙率随温度的增长及孔隙的连通规律、不同温度与外部应力场作用下的油页岩渗透率变化规律、不同温度作用下油页岩的力学特性变化规律进行了分析,得出以下主要结论:

(1) 将大庆油页岩扫描重建后得到的 CT 灰度图像,利用 CT 图像分析系统进行三维重建,得到升温热解的过程中,油页岩内部有明显的物质减少。统计不同温度作用下三维重建区域内的不同射线衰减系数对应的像素点的数量,对每个温度下的像素点数量的变化特征进行分析,得到了大庆油页岩固体颗粒的热解特性。从 20 ℃到 100 ℃,大庆油页岩的热解率为 3.18%;从 100 ℃到 200 ℃,随着温度的升高,各个衰减系数阶段像素点的百分含量都发生了变化,衰减系数在 0.013～0.057 区段的像素点的变化最为明显,固体颗粒的热解率增加到 18.94%,衰减系数在 0.013～0.030 区段呈现减少趋势;200～500 ℃温度段,发生热解的物质衰减系数主要集中在 0.013～0.030 区段,此阶段的热解率为 5.84%;500～600 ℃,随着温度的升高,大量剩余有机质(衰减系数在 0.013～0.030区段)在较短的温度段内发生了集中热解,同时固定碳也发生了较明显的反应,热解率增加到 39.80%。

(2) 利用压汞法对在高温作用后和高温及三维应力共同作用下已进行渗透试验的抚顺油页岩试样的孔隙结构特征进行了分析研究,得出:

① 油页岩样的孔隙总体积、孔隙率、平均孔径和临界孔径均随温度的升高呈增大的趋势。

② 相同温度下,与高温作用下未进行渗透试验试样相比,300 ℃到 600 ℃

的孔隙率比未进行渗透试验试样的孔隙率分别高 0.6％、8.62％、1.82％和 7.83％,这是由于渗透试验过程中,流体的作用所引起的,且每个温度的孔隙率增量都不同;300 ℃、400 ℃、500 ℃和 600 ℃的油页岩试样的平均孔径和临界孔径全部增大,说明在孔隙流体的作用下,油页岩试样内部的孔隙不断得到连通。

③ 不同温度下,油页岩内部不同孔径孔隙的体积分布差异较为明显。

④ 油页岩内部孔隙的迁曲度逐渐减小,说明随着热解的进行,油页岩内部孔隙通道弯曲程度在降低,有利于油气产物的渗透及运移,尤其在油气物质开始大量产出后,油页岩孔隙通道的迁曲度呈大幅下降趋势。

(3) 对压汞试验过程中接触角所产生的滞后效应进行修正,得到:退汞时的后退接触角随温度的升高降低,滞后系数随温度的升高呈增大趋势,在400 ℃到 500 ℃突变,说明随着温度的升高,油页岩内部的孔隙结构越来越复杂,孔隙表面粗糙度越来越大。通过二次进汞试验,得出:随着温度的升高,油页岩内部的孔隙在不断地形成,在 200 ℃以后,基本以墨水瓶孔的形成为主,有效孔隙体积在增大,但增幅较小。

(4) 利用 Kozeny-Carman 方程计算得到的渗透率为 k_1,利用等效管道模型计算得到的渗透率为 k_2。k_1 和 k_2 随温度的变化具有相同的变化趋势,均随温度的升高,渗透率呈不断增大的趋势,而 400 ℃为渗透的阈值温度,当温度高于 400 ℃后,渗透率开始大幅增加。

(5) 利用自主研制的高温三轴渗透试验台,对油页岩试样进行三维应力状态下的高温热解渗透试验,得到:在高温及三维应力作用下,随着温度的升高,油页岩的渗透性的变化规律为:常温下和 100 ℃时,油页岩试样不具有渗透性;当温度升高到 200 ℃时,油页岩的渗透率较低;200 ℃到 300 ℃温度段,3 个油页岩试样渗透率增大,增幅较小;当温度升高到 350 ℃时,3 个油页岩试样的渗透性出现了减小的趋势,1#和 3#试样在 300 ℃时不具有渗透性,2#试样的渗透率也较低;在 350 ℃到 600 ℃温度范围内,有机质受热首先软化生成沥青,然后沥青再热解生成页岩油和页岩气,一方面沥青和页岩油会堵塞油页岩试样的渗透通道,另一方面黏土矿物质对沥青有吸附作用,同时对渗透通道产生影响,随着温度的继续升高,大量聚集的热解气体和矿物释放的水蒸气能携带页岩油从孔隙、裂隙中渗透出来,使堵塞的渗流通道立刻变得非常畅通,从而不断改变着油页岩的渗透特性,3 个油页岩试样渗透率呈现增大的趋势。

(6) 在不同温度条件下,油页岩试样的渗透率随孔隙压力的增大呈降低趋势,且在各个温度下的渗透率随孔隙压力变化的敏感程度各不相同。

(7) 在三维应力作用下,油页岩随温度的变形特征如下:从常温到 200 ℃,

油页岩呈膨胀变形;200～350 ℃为油页岩的变形稳定阶段;在温度高于350 ℃之后,由于油页岩中的有机质不断生成页岩油和热解气体,并且油页岩中的大部分矿物质开始分解脱水,油页岩内部结构发生了剧烈的变化,随温度的升高油页岩开始出现大幅度的压缩变形。说明在高温作用下,油页岩不断热解的过程中,油页岩的塑形特征逐渐增强。

(8) 通过对经历不同温度阶段的油页岩热解岩样进行单轴压缩试验,得出:

① 在温度作用后,油页岩样品的抗压强度随温度的升高呈降低的趋势,不同温度下油页岩的单轴抗压强度和温度呈指数关系:$\sigma = 74.987 e^{-0.002\,4T}$。

② 常温～600 ℃温度作用下,油页岩样品的平均最终轴向应变和侧向应变随温度的升高总体呈下降的趋势,油页岩样品的平均最终体积应变随温度的升高总体呈先增大后减小的变化趋势。

③ 常温到600 ℃温度作用下,油页岩样品的弹性模量随温度的升高基本呈降低的趋势,由常温到600 ℃平均弹性模量试验数据拟合得到油页岩的弹性模量和温度呈对数规律衰减,拟合关系为:$E = -544.38 \ln T + 4\,943.5$。

④ 油页岩样品的泊松比随温度的升高基本呈降低的趋势,由常温到600 ℃平均泊松比试验数据拟合得到油页岩的泊松比和温度呈直线规律衰减,拟合关系为:$\upsilon = -0.000\,5T + 0.465\,3$。

6.2 研究展望

油页岩体在不同温度作用下的热解是一个极其复杂的过程,尤其在涉及原位注热开发时需要研究的问题就更为复杂,本书中围绕油页岩在不同温度下的物理结构、渗透特性及力学特性进行了试验研究,已取得一定的成果,对于这一复杂的问题,今后还需在以下几个方面进行研究:

(1) 油页岩形成的原始物质不同、沉积环境不同,会造成油页岩中有机质的分布差别较大,如在显微CT试验研究中,大庆和抚顺油页岩的差别较大,所以在今后的研究中,应增加试验中油页岩样品的种类,为油页岩进一步开发利用提供依据。

(2) 本次渗透试验中孔隙压流体为氮气,今后需要研制相应的试验设备及采用水蒸气作为流体介质来测量油页岩的渗透性特征。

(3) 进行大尺寸试样在三维应力状态下的力学特性试验,并进行数值模拟研究油页岩开发过程中对地表环境的影响。

参 考 文 献

[1] 刘朝全,姜学峰.油气秩序重构行业整体回暖:2018年国内外油气行业发展概述与2019年展望[J].国际石油经济,2019,27(1):35-41,68.

[2] 方圆,张万益,曹佳文,等.我国能源资源现状与发展趋势[J].矿产保护与利用,2018(4):34-42.

[3] 刘柏谦.油页岩及其流化床燃烧[M].长春:吉林科学技术出版社,1999.

[4] 徐顺福.一种值得重视发展利用的能源:油页岩[J].炼油技术与工程,2004,34(3):60-62.

[5] 侯祥麟.中国页岩油工业[M].北京:石油工业出版社,1984.

[6] DYNI J R.Geology and resources of some world oil shale deposits[J]. Oil shale,2003,20(3):193-252.

[7] 吴国才,刘德磊,曾莉莉,等.油页岩特征及制油技术研究进展[J].重庆科技学院学报(自然科学版),2013,15(3):26-29.

[8] 郑民,李建忠,吴晓智,等.我国常规与非常规石油资源潜力及未来重点勘探领域[J].海相油气地质,2019,24(2):1-13.

[9] FLETCHER T H, GILLIS R, ADAMS J, et al. Characterization of macromolecular structure elements from a green river oil shale, II. characterization of pyrolysis products by ^{13}C NMR, GC/MS, and FTIR[J]. Energy & fuels,2014, 28(5):2959-2970.

[10] MOHAMMEDNOOR M,ORHAN H. Organic geochemical characteristics and source rock potential of Upper Pliocene shales in the Akcalar lignite basin,Turkey[J].Oil shale,2017,34(4):295-311.

[11] EL-KAMMAR A. The oil shale resources of Egypt:present status and future vision[J].Arabian journal of geosciences,2017,10(19):439.

[12] 钱家麟,尹亮.油页岩:石油的补充能源[M].北京:中国石化出版社,2008.

[13] 叶吉文,杨洋,徐明珠.油页岩资源利用与发展前景[J].中国资源综合利用,

2010,28(6):21-23.

[14] 马玲,尹秀英,孙昊,等. 世界油页岩资源开发利用现状与发展前景[J].世界地质,2012,31(4):772-777.

[15] 陈晓菲,高武军,赵杰,等.中国油页岩开发利用现状及发展前景[J].洁净煤技术,2010(6):29-31.

[16] 陈磊,蒋庆哲,赵瑞雪,等.中国油页岩资源潜力分析研究[J].现代化工,2009,29(S1):40-43.

[17] SAIF T,LIN Q,GAO Y,et al. 4D in situ synchrotron X-ray tomographic microscopy and laser-based heating study of oil shale pyrolysis[J]. Applied energy,2019,235:1468-1475.

[18] BRENDOW K. Restructuring Estonia's oil shale industry: What lessons from restructuring the coal industries in Central and Eastern Europe? [J].Oil shale,2003,20(3):304-310.

[19] 付晋,张顺元,柳丙善. 约旦油页岩的分布状况与开发利用现状[J]. 新型工业化,2015,5(3):61-66.

[20] BUNGER J W,CRAWFORD P M,JOHNSON H R. Is oil shale America answer to peak-oil challenge[J].Oil and gas journal,2004,102(30):16-24.

[21] 刘招君,董清水,叶松青,等.中国油页岩资源现状[J].吉林大学学报(自然科学版),2006,36(6):869-876.

[22] LIU Z J,MENG Q T,DONG Q S,et al. Characteristics and resource potential of oil shale in china[J].Oil shale,2017,34(1):15-41.

[23] 刘招君,杨虎林. 中国油页岩[M]. 北京:石油工业出版社,2009.

[24] 刘招君,柳蓉. 中国油页岩特性及开发利用前景分析[J].地学前缘,2005,12(3):315-323.

[25] 张杰,金之钧,张金川.中国非常规油气资源潜力及分布[J].当代石油化工,2004,12(10):17-19.

[26] 侯吉礼,马跃,李术元,等. 世界油页岩资源的开发利用现状[J].化工进展,2015,34(5):1183-1190.

[27] 高子栋,潘红. 利用油页岩灰制备蒸压砖的试验研究[J]. 砖瓦,2015(6):8-10.

[28] HADDAD R H, ASHTEYAT A M, LABABNEH Z K. Producing geopolymer composites using oil shale ash[J].Structural concrete,2019,

20(1):225-235.

[29] WEI H B,ZHANG Y P,CUI J H,et al. Engineering and environmental evaluation of silty clay modified by waste fly ash and oil shale ash as a road subgrade material[J]. Construction and building materials,2019, 196:204-213.

[30] 金烈,谭丽泉,余梅,等. 油页岩灰渣合成沸石及其对 Cr(Ⅵ)的吸附研究 [J].无机盐工业,2018,50(5):50-53.

[31] 李术元,马跃,钱家麟. 世界油页岩研究开发利用现状:并记 2011 年国内外 三次油页岩会议[J]. 中外能源,2012,17(2):8-17.

[32] JIANG X M,HAN X X,CUI Z G. Progress and recent utilization trends in combustion of Chinese oil shale[J].Progress in energy and combustion science,2007,33(6):552-579.

[33] 高健.世界各国油页岩干馏技术简介[J].煤炭加工与综合利用,2003(2): 44-46.

[34] 张明华,陈宇腾,张美琴,等.我国油母页岩综合利用的现状和可能的途径 [J].吉林建材,2003(3):15-21.

[35] HAMMAD M,ZURIGAT Y,KHZAI S. Fluidized bed combustion unit for oil shale paper 'II [J].Energy conversion & management,1998,39(3/4): 269-272.

[36] SONNE J U,DOILOV S. Sustanable utilization of oil shale resources and comparision of contemporary technologies used for oil shale processing [J]. Oil shale,2003,20(3S):311-323.

[37] GOLUBEV N. Solid oil shale heat carrier technology for oil shale retorting[J]. Oil shale,2003,20(3S):324-332.

[38] SCHMIDT S J. New directions for oil shale:path to a secure new supply well into this century(on the example of Australia) [J]. Oil shale,2003, 20(3S):333-346.

[39] 钱家麟,王剑秋,李术元.世界油页岩资源利用和发展趋势[J].吉林大学学 报(地球科学版),2006,36(6):877-887.

[40] MIAO Z Y,WU G G,LI P,et al. Investigation into co-pyrolysis characteristics of oil shale and coal[J].International journal of mining science and technology,2012,22:245-249.

[41] 范恒瑞,李永菊,刘卉昇,等.油页岩渣综合利用研究进展[J].北方建筑,2019,4(3):62-64.

[42] 吴凯,王雪峰,林国梁,等.油页岩废渣综合利用研究进展[J].环境保护与循环经济,2019,39(7):9-11.

[43] 张丽萍,曾荣树,徐文东.抚顺西舍场油页岩的淋滤行为及其对周围水体的影响[J].矿物岩石地球化学通报,2007,26(2):160-163.

[44] 常广利,王显利,简振鹏.油页岩电厂灰渣在混凝土中最佳掺量配合比[J].北华大学学报(自然科学版),2018,19(6):821-824.

[45] PAAVER P, PAISTE P, KIRSIMAE K. Geopolymeric potential of the Estonian oil shale solid residues: petroter solid heat carrier retorting[J]. Oil shale,2018,33(4):373-392.

[46] 周建敏,牛显春.油页岩灰渣的来源及综合利用技术[J].广东石油化工学院学报,2013,23(1):11-14.

[47] SHAWAQFEH A, AL-HARAHSHEH A. Solvation of Jordanian oil shale using different organic solvents by continuous contact mixing[J]. Energy sources,2004,26(14):1321-1330.

[48] 周国江,孙静.微波辅助萃取油页岩工艺条件的研究[J].洁净煤技术,2009,15(2):38-40,52.

[49] GREIBROKK T. Applications of supercritical fluid extraction in multidimensional systems [J]. Journal of chromatography A, 1995,703(1/2):523-536.

[50] 周也,田震,王丽雯.超临界萃取技术研究现状与应用[J].山东化工,2012,41(5):37-39.

[51] 杨会朵,田由甲,赵云鹏,等.油页岩二硫化碳-丙酮混合溶剂萃取物的组成与结构分析[J].武汉科技大学学报,2015,38(3):204-210.

[52] KOVALENKO E Y,MEL'NIKOV Y Y,MIN R S,et al. Composition of oily components in the liquid products of the supercritical fluid extraction of oil shale from the Chim-Loptyugskoe Deposit[J].Solid fuel chemistry,2017,51(4):224-228.

[53] BONDAR E,KOEL M. Application of supercritical fluid extraction to organic geochemical studies of oil shales[J].Fuel,1998,77(3):211-213.

[54] 刘辉,闫永宏,方航,等.酸洗对龙口油页岩化学结构的影响分析[J].哈尔滨

工业大学学报,2018,50(1):68-74.

[55] JIN Y,HAN D Y,CAO Z B,et al. Extraction and spectroscopy analysis of basic nitrogen and phenolic compounds of the shale oil of Baoming oil shale, China[J].Oil shale,2018,35(2):183-194.

[56] 黄秀丽,陈小平,马玉刚.超临界甲苯萃取茂名页岩油的研究[J].广东石油化工学院学报,2015,25(1):18-21,40.

[57] KHRAISHA Y H,AL ASFAR J J,RADWAN A A. Thermal cracking combined with supercritical fluid extraction of Jordanian oil shale[J]. Energy sources part A-recovery utilization and environmental effects, 2016,38(8):1148-1155.

[58] 宋巍.油页岩溶剂萃取物分离技术研究[J].能源化工,2015,36(1):34-39.

[59] LUIK H, PALU V,BITYUKOV M,et al. Liquefaction of Estonian kukersite oil shale kerogen with selected superheated solvents in static conditions [J]. Oil shale,2005,22(1):25-36.

[60] TIIKMA L,JOHANNES I,LUIK H,et al. Thermal dissolution of Estonian oil shale[J]. Journal of analytical and applied pyrolysis,2009,85(1/2):502-507.

[61] 周国江,朱玉高,魏贤勇.油页岩 CS_2-NMP 萃取物 GC/MS 分析[J].黑龙江科技学院学报,2006,16(6):390-391,399.

[62] 吴鹏,周扬,李福林,等.油页岩溶剂萃取技术研究[J].矿产综合利用, 2010(6):37-40.

[63] 郭树才,胡浩权,王锐.中国桦甸油页岩超临界萃取研究[J].燃料化学学报, 1985,13(4):289-296.

[64] KOEL M,LJOVIN S,HOLLIS K,et al. Using neoteric solvents in oil shale studies[J]. Pure and applied chemistry,2001,73(1):153-159.

[65] FRAIGE F Y,AL-KHATIB L A,ALNAWAFIEH H M,et al. Waste electric and electronic equipment in Jordan: willingness and generation rates[J].Journal of environmental planning and management,2012,55(2):161-175.

[66] TACIUK W. Does oil shale have a significant future? [J]. Oil shale, 2013,30(1):1-5.

[67] SUN P C,LIU Z J,GRATZER R,et al. Oil yield and bulk geochemical parameters of oil shales from the Song liao and Huadian Basins,China: A

grade classification approach[J].Oil shale,2013,30(3):402-418.

[68] 王清强,马跃,李术元,等.世界油页岩资源研究开发利用近况:并记 2016 年国外两次油页岩国际会议[J].中外能源,2017,22(1):23-29.

[69] PUURA V,SOESOO A,VOOLMA M,et al.Chemical composition of the mineral matter of the attarat um ghudran oil shale,central jordan[J].Oil shale,2016,33(1):18-30.

[70] 钱家麟,王剑秋.世界油页岩发展近况:并记 2006 年两次国际油页岩会议[J].中外能源,2007(1):7-11.

[71] 李术元,岳长涛,王剑秋,等.世界油页岩开发利用近况:记美国第 28 届国际油页岩会议[J].中外能源,2009,14(2):16-24.

[72] 李术元,岳长涛,钱家麟.世界油页岩开发利用现状:并记 2009 年国内外三次油页岩会议[J].中外能源,2010,15(2):21-28.

[73] 李术元,钱家麟.世界油页岩开发利用现状及预测:并记 2010 年国内外两次油页岩会议[J].中外能源,2011,16(1):8-18.

[74] 钱家麟,王剑秋,李术元.世界油页岩开发利用动态:记美国第 27 届国际油页岩会议[J].中外能源,2008,13(1):11-15.

[75] 李术元,唐勋,何继来,等.世界油页岩开发利用的近况:并记 2012 年国外两次油页岩国际会议[J].中外能源,2013,18(1):3-11.

[76] YI H S,CHEN L,JENKYNS H C,et al.The early Jurassic oil shales in the Qiangtang Basin,Northern Tibet:biomarkers and Toarcian Oceanic Anoxic Events[J].Oil shale,2013,30(3):441-455.

[77] SUN T,WANG C S,LI Y L,et al.Geochemical investigation of Lacustrine oil shale in the Lunpola basin (Tibet):Implications for Paleoenvironment and Paleoclimate [J].Oil shale,2013,30(2):101-116.

[78] JINAG H F,SONG L H,CHENG Z Q,et al.Influence of pyrolysis condition and transition metal salt on the product yield and characterization via Huadian oil shale pyrolysis [J]. Journal of analytical and applied pyrolysis,2015,112:230-236.

[79] KALDA K,IVASK M,KUTTI S,et al. Soil invertebrates in semi-coke heaps of Estonian oil shale industry [J].Oil shale,2015,32(1):82-97.

[80] TIIKMA L,JOHANNES I,LUIK H,et al. Extraction of oil from Jordanian attarat oil shale[J]. Oil shale,2015,32(3):218-239.

[81] 马跃,李术元,藤锦生,等.世界油页岩研究开发利用现状:并记 2015 年美国油页岩会议[J].中外能源,2016,21(1):21-26.

[82] 李术元,耿层层,钱家麟.世界油页岩勘探开发加工利用现状:并记 2013 年国外两次油页岩国际会议[J].中外能源,2014,19(1):25-33.

[83] TAMM K,KALLASTE P,UIBU M,et al. Leaching thermodynamics and kinetics of oil shale waste key components [J].Oil shale,2016,33(1):80-99.

[84] 孙友宏,邓孙华,王洪艳. 国际油页岩开发技术与研究进展:记第 33 届国际油页岩会议[J].吉林大学学报(地球科学版),2015,45(4):1052-1059.

[85] 李术元,何继来,侯吉礼,等. 世界油页岩勘探开发加工利用近况:并记 2014 年国外两次油页岩国际会议[J].中外能源,2015,20(1):25-32.

[86] SONG Y,LIU Z J,MENG Q T, et al.Multiple controlling factors of the enrichment of organic matter in the upper cretaceous oil shale sequences of the songliao basin,NE China:implications from geochemical analyses [J].Oil Shale,2016,33(2):142-166.

[87] 刘洪林,刘德勋,方朝合,等.利用微波加热开采地下油页岩的技术[J].石油学报,2010,31(4):623-625.

[88] 康志勤,赵阳升,杨栋.利用原位电法加热技术开发油页岩的物理原理及数值分析[J].石油学报,2008,29(4):592-595,600.

[89] 雷群,王红岩,赵群,等. 国内外非常规油气资源勘探开发现状及建议[J].天然气工业,2008,28(12):7-10,134.

[90] 方朝合,郑德温,刘德勋,等. 油页岩原位开采技术发展方向及趋势[J].能源技术与管理,2009(2):78-80.

[91] 陈晨,张祖培,王淼.吉林油页岩开采的新模式[J].中国矿业,2007,16(5):55-57.

[92] 薛华庆,杜发平,徐文林. 油页岩电加热原位开采技术研究进展[J].天然气技术,2010,4(1):18-20.

[93] 李隽,汤达祯,薛华庆,等.中国油页岩原位开采可行性初探[J].西南石油大学学报(自然科学版),2014,36(1):58-64.

[94] 车长波,杨虎林,刘招君,等. 我国油页岩资源勘探开发前景[J]. 中国矿业,2008,17(9):1-4.

[95] 汪友平,王益维,孟祥龙,等.美国油页岩原位开采技术与启示[J].石油钻采

工艺,2013,35(6):55-59.

[96] 王盛鹏,刘德勋,王红岩,等.原位开采油页岩电加热技术现状及发展方向[J].天然气工业,2011,31(2):114-118,134.

[97] 陈晨,孙友宏.油页岩开采模式[J].探矿工程(岩土钻掘工程),2010,37(10):26-29.

[98] 郭先霞,刘华,张玲.茂名油页岩废渣场生态修复及废渣综合利用现状[J].广东化工,2012,39(15):37,29.

[99] 孔国辉,刘世忠,陈志东,等.油页岩废渣场植物修复的生态效应[J].热带亚热带植物学报,2006,14(1):61-68.

[100] 邓旺秋,潘超美,李泰辉,等.油页岩废渣场植林修复过程中的土壤微生物生态[J].应用与环境生物学报,2003,9(5):522-524.

[101] 汶锋刚,朱冠芳,高鹏鹏.世界油页岩生产技术进展[J].国外油田工程,2009,25(1):1-5,39.

[102] 冯雪威,陈晨,陈大勇.油页岩原位开采技术研究新进展[J].中国矿业,2011,20(6):84-87.

[103] 陈丽,付强,王桂英,等.油页岩的开发与应用现状[J].石化技术,2018,25(1):148.

[104] 刘胜英,王世辉,陈春瑞,等.壳牌公司页岩油开采技术与进展[J].大庆石油学院学报,2007,31(3):53-55,91.

[105] 郭永刚,许修强,王红岩,等.非常规能源油页岩利用的研究进展[J].江苏化工,2008,36(2):6-9.

[106] JABER J O,PROBERT S D. Non-isothermal thermogravimetry and decomposition kinetics of two Jordanian oil shales under different processing conditions[J]. Fuel processing technology,2000,63(1):57-70.

[107] 吴武军,白云来.国内外油页岩利用及采收方法现状[J].西北油气勘探,2006,18(1):55-60.

[108] 陈殿义.国外油页岩的地下开采及环境恢复[J].吉林地质,2005,24(3):58-60.

[109] 刘德勋,王红岩,郑德温,等.世界油页岩原位开采技术进展[J].天然气工艺,2009,29(5):128-132,148.

[110] 牛继辉,陈殿义.国外油页岩的地下转化开采方法[J].吉林大学学报(地球科学版),2006,36(6):1027-1030.

[111] 赵阳升,杨栋,关克伟,等.高温烃类气体对流加热油页岩开采油气的方法:200710139353.X[P].2008-02-13.

[112] RAZVIGOROVA M,BUDINOVA T,PETROVA B,et al. Steam pyrolysis of Bulgarian oil shale kerogen[J].Oil shale,2008,25(1):27-36.

[113] HAN X X,JIANG X M,CUI Z G. Change of pore structure of oil shale particles during combustion. 2. pore structure of oil-shale ash [J]. Energy & fuels,2008,22(2):972-975.

[114] ESEME E, KROOSS B M,LITTKE R. Evolution of petrophysical properties of oil shales during high-temperature compaction tests: Implications for petroleum expulsion[J].Marine and petroleum geology, 2012,31(1):110-124.

[115] KANG Z Q,YANG D,ZHAO Y S,et al. Thermal cracking and corresponding permeability of Fushun oil shale[J].Oil shale,2011,28(2):273-283.

[116] COSHELL L,MCLVER R G,CHANG R. X-ray computed tomography of Australian oil shales: non-destructive visualization and density determination [J]. Fuel,1994,73(8):1317-1321.

[117] SUN Y H,BAI F T,LIU B C,et al. Characterization of the oil shale products derived via topochemical reaction method[J].Fuel,2014,115: 338-346.

[118] SYED S,QUDAIH R,TALAB I,et al. Kinetics of pyrolysis and combustion of oil shale sample from thermogravimetric data[J]. Fuel,2011, 90(4):1631-1637.

[119] TIWARI P, DEO M, LIN C L, et al. Characterization of oil shale pore structure before and after pyrolysis by using X-ray micro CT[J].Fuel, 2013,107:547-554.

[120] ESEME E, LITTKE R, KROOSS B M. Factors controlling the thermo-mechanical deformation of oil shales: Implications for compaction of mudstones and exploitation [J]. Marine and petroleum geology, 2006, 23(7):715-734.

[121] 周国江,张宏森,刘柏华,等.绿河油页岩油母电子结构及热稳定性[J].黑龙江科技学院学报,2013,23(2):130-134.

[122] 彭思媛,郭洪范,周洁琼,等.油页岩低温含氧载气干馏产油率的影响因素

[J].当代化工,2013,42(7):885-888.

[123] 王擎,孙斌,刘洪鹏,等.油页岩热解过程矿物质行为分析[J].燃料化学学报,2013,41(2):163-168.

[124] 孙佰仲,王擎,王海刚,等.油页岩挥发分析出及燃烧反应中活化能变化规律研究[J].中国电机工程学报,2011,31(35):103-109,11.

[125] 韩向新,姜秀民,崔志刚,等.油页岩颗粒孔隙结构在燃烧过程中的变化[J].中国电机工程学报,2007,27(2):26-30.

[126] 李婧婧,汤达祯,许浩,等.淮南大黄山芦草沟组油页岩热解气相色谱特征[J].石油勘探与开发,2008,35(6):674-679.

[127] 王擎,王锐,贾春霞,等.油页岩热解的 FG-DVC 模型[J].化工学报,2014,65(6):2308-2315.

[128] 雷怀玉,王红岩,刘德勋,等.柳树河油页岩的热解特征及动力学[J].吉林大学学报(地球科学版),2012,42(1):25-29.

[129] 马跃,李术元,王娟,等.水介质条件下油页岩热解机理研究[J].燃料化学学报,2011,39(12):881-886.

[130] 王毅,赵阳升,冯增朝.长焰煤热解过程中孔隙结构演化特征研究[J].岩石力学与工程学报,2010,29(9):1859-1866.

[131] 张渊,万志军,赵阳升.细砂岩热破裂规律的细观实验研究[J].辽宁工程技术大学学报,2007,26(4):529-531.

[132] 左建平,谢和平,周宏伟,等.不同温度作用下砂岩热开裂的实验研究[J].地球物理学报,2007,50(4):1150-1155.

[133] 赵阳升,孟巧荣,康天合,等.显微 CT 试验技术与花岗岩热破裂特征的细观研究[J].岩石力学与工程学报,2008,27(1):28-34.

[134] 孟巧荣,赵阳升,于艳梅,等.不同温度下褐煤裂隙演化的显微 CT 试验研究[J].岩石力学与工程学报,2010,29(12):2475-2483.

[135] 于艳梅,胡耀青,梁卫国,等.瘦煤热破裂规律显微 CT 试验[J].煤炭学报,2010,35(10):1696-1700.

[136] 周军,张海,吕俊复,等.高温下热解温度对煤焦孔隙结构的影响[J].燃料化学学报,2007,35(2):155-159.

[137] 许慎启,周志杰,杨帆,等.快速热解温度下的淮南煤焦与水蒸气气化反应的研究[J].高校化学工程学报,2008,22(6):947-953.

[138] 刘红彬,鞠杨,孙华飞,等.高温作用下活性粉末混凝土(RPC)孔隙结构的

分形特征[J].煤炭学报,2013,38(9):1583-1588.

[139] 徐小丽,高峰,沈晓明,等.高温后花岗岩力学性质及微孔隙结构特征研究[J].岩土力学,2010,31(6):1752-1758.

[140] 李少华,柏静儒,孙佰仲,等.升温速率对油页岩热解特性的影响[J].化学工程,2007,35(1):64-67.

[141] 于海龙,姜秀民.桦甸油页岩热解特性的研究[J].燃料化学学报,2001,29(5):450-453.

[142] 薛向欣,李勇,冯宗玉.抚顺油页岩及其残渣的热解性能[J].东北大学学报(自然科学版),2008,29(10):1447-1449,1454.

[143] 罗明勇,曾强,庞晓赟,等.水蒸气等温吸附表征水泥基材料孔隙结构[J].硅酸盐学报,2013,41(10):1401-1408.

[144] WU S Y,YANG J,YANG R C,et al. Investigation of microscopic air void structure of anti-freezing asphalt pavement with X-ray CT and MIP [J].Construction and building materials,2018,178:473-483.

[145] 张先伟,孔令伟,郭爱国,等.基于 SEM 和 MIP 试验结构性黏土压缩过程中微观孔隙的变化规律[J].岩石力学与工程学报,2012,31(2):406-412.

[146] 张先伟,孔令伟.利用扫描电镜、压汞法、氮气吸附法评价近海黏土孔隙特征[J].岩土力学,2013,34(S2):134-142.

[147] 白斌,朱如凯,吴松涛,等.利用多尺度CT成像表征致密砂岩微观孔喉结构[J].石油勘探与开发,2013,40(3):329-333.

[148] LAME O,BELLET D,DI MICHIEL M,et al. Bulk observation of metal powder sintering by X-ray synchrotron microtomography[J].Acta materialia,2004,52(4):977-984.

[149] LOWELL S A,SHIELDS J E,THOMAS M A,et al. Characterization of porous solids and powders:Surface area,pore size and density[M]. Boston:Kluwer Academic Publishers,2004.

[150] KARACAN C O,OKANDAN E. Adsorption and gas transport in coal microstructure investigation and evaluation by quantitative X-ray CT imaging[J].Fuel,2001,80(4):509-520.

[151] 彭瑞东,杨彦从,鞠杨,等.基于灰度CT图像的岩石孔隙分形维数计算[J].科学通报,2011,56(26):2256-2266.

[152] HOUBEN M E,DESBOIS G,URAI J L. Pore morphology and distribu-

tion in the Shaly facies of Opalinus Clay(Mont Terri, Switzerland): Insights from representative 2D BIB-SEM investigations on mm to nm scale[J].Applied clay science,2013,71:82-97.

[153] 鞠杨,刘红彬,田开培,等.RPC 高温爆裂的微细观孔隙结构与蒸汽压变化机制的研究[J].中国科学:技术科学,2013,43(2):141-152.

[154] 张涛,王小飞,黎爽,等. 压汞法测定页岩孔隙特征的影响因素分析[J].岩矿测试,2016,35(2):178-185.

[155] 孙国文,孙伟,蒋金洋,等. 水泥基复合材料有效孔隙的试验研究与定量表征[J].工业建筑,2010,40(11):98-101.

[156] 王红梅.压汞法测定多孔材料孔结构的误差[J].广州化工,2009,37(1):109-111.

[157] 段雪,马力,王琪,等.压汞法计算模型的理论修正[J].北京化工学院学报(自然科学版),1987,14(4):39-46.

[158] 陈悦,李东旭.压汞法测定材料孔结构的误差分析[J].硅酸盐通报,2006,25(4):198-201,207.

[159] 李小兵,刘莹.微观结构表面接触角模型及其润湿性[J].材料导报,2009,23(12):101-103.

[160] 王晓东,彭晓峰,闵敬春,等.接触角滞后现象的理论分析[J].工程热物理学报,2002,23(1):67-70.

[161] 谢和平. 分形-岩石力学导论[M]. 北京:科学出版社,1996.

[162] MANDELBROT, BENOIT B. The fractal geometry of nature[J]. American journal of physics,1983,51(3):286.

[163] 李妙玲,齐乐华,李贺军,等.炭/炭复合材料微观孔隙结构演化的分形特征[J].中国科学,2009,39(5):974-979.

[164] PORTER L B,RITZI R W,MASTERA L J. The Kozeny-Carman equation with a percolation threshold[J].Ground water,2012,51(1):92-99.

[165] 王启立.石墨多孔介质成孔逾渗机理及渗透率研究[D].徐州:中国矿业大学,2011.

[166] 邓英尔,黄润秋.岩石的渗透率与孔隙体积及迂曲度分形分析[C]//中国岩石力学与工程学会.第八次全国岩石力学与工程学术大会论文集.北京:科学出版社,2004:264-268.

[167] 李留仁,袁士义,胡永乐.分形多孔介质渗透率与孔隙度理论关系模型[J].

西安石油大学学报(自然科学版),2010,25(3):49-51,74.

[168] 郁伯铭.多孔介质输运性质的分形分析研究进展[J].力学进展,2003,33(3):333-346.

[169] HEINEMANN A,HERMANN H,WETZIG K,et al. Fractal micro-structures in hydrating cement paste[J]. Journal of materials science letters,1999,18(17):1413-1416.

[170] KATZ A J,THOMPSON A H. Quantitative prediction of permeability in porous rock[J].Physical revien B(condensed matter),1986,34(11):8179-8181.

[171] 张渊,赵阳升,万志军,等.不同温度条件下孔隙压力对长石细砂岩渗透率影响试验研究[J].岩石力学与工程学报,2008,27(1):53-58.

[172] 冯子军,万志军,赵阳升,等.高温三轴应力下无烟煤、气煤煤体渗透特性的试验研究[J].岩石力学与工程学报,2010,29(4):689-696.

[173] 刘中华,杨栋,薛晋霞,等.干馏后油页岩渗透规律的实验研究[J].太原理工大学学报,2006,37(4):414-416.

[174] 杨栋,薛晋霞,康志勤,等.抚顺油页岩干馏渗透实验研究[J].西安石油大学学报(自然科学版),2007,22(2):23-25.

[175] 李术元,钱家麟,秦匡宗,等.沥青作为中间产物的油页岩热解动力学的研究[J].燃料化学学报,1987,15(2):118-123.

[176] 韩向新,姜秀民,王德忠,等.燃烧过程对页岩灰孔隙结构的影响[J].化工学报,2007,58(5):1296-1300.

[177] 马占国,茅献彪,李玉寿,等.温度对煤力学特性影响的实验研究[J]. 矿山压力与顶板管理,2005(3):46-48.

[178] 朱合华,闫治国,邓涛,等.3 种岩石高温后力学性质的试验研究[J].岩石力学与工程学报,2006,25(10):1945-1950.

[179] 梁卫国,赵阳升,徐素国.240 ℃内盐岩物理力学特性的实验研究[J].岩石力学与工程学报,2004,23(14):2365-2369.

[180] 万志军,赵阳升,董付科. 高温及三轴应力下花岗岩体力学特性的实验研究[J].岩石力学与工程学报,2008,27(1):72-77.